JN086715

生態学者の目のツケドコロ

生きものと環境の関係を、一歩引いたところから考えてみた

伊勢武史

生態学者の目のツケドコロ もくじ

第4章◉外国を旅して

生態学者のヒトリゴト

第5章◉里山に生きて

インタビュー3　新津保建秀さん

第6章◉森を歩いて

生態学者のヒトリゴト

第7章◉研究をとおして

はじめに

生態学者も植物を枯らす

職業を問われたら、僕は研究者ということになるだろう。そして専門分野をひとことでいうならば、生態学となる。生態学は、生物とそれを取り巻く環境の相互作用を考える学問分野だ。生物学の一分野ではあるが、地質学や地理学、気象学などといった分野とも関連性が高い、総合的な学問といえる。

なぜ、この生きものはこの場所で暮らしているんだろう。この生きものはどんな食べものを食べているんだろう。そんな素朴な疑問が高じて僕は生態学者になったんだけど、実をいうと、僕はそれほど生物に詳しいわけじゃない。

生物学者・生態学者というと、動物園の飼育員さんのように生きものを育てるのが得意というイメージがあるかもしれないけど、ぜんぜんそういうタイプじゃないのである。「目の前の一匹の動物を幸せにできないくせに、世界の自然を救うことなんてできるのか！」なんてお叱りを受けてしまうかもしれない。それは僕の至らぬところであり、反省しきりなのであるが、だからといって、こんな生態学者の存在価値はゼロかというと、そうでもない。そうであってほしい。

そんな僕のお仕事は、特定の生きものではなく、多くの生きものにとって普遍性な法則を探すこと、生きものの「機能」に着目し、多くの機能がからみ合って動いている自然界の成り立ちを考えることである。こういうのも生態学者の大事な役割であり、本書では折に触れて述べていきたいと思うのである。

さて、生きものを育てるという点では素人同然の僕であるが、生きものに対する興味は人一倍強い。幼少期は身のまわりのありとあらゆる生物を観察していた記憶がある。生まれ育ったのは徳島県のど田舎の米農家。身のまわりにはノライヌやノラネコをはじめ、各種のカメ、フナやメダカ、アメリカザリガニ、オニヤンマやギンヤンマ、シオカラトンボ、そして春のあぜ道に生息するオオイヌノフグリやホトケノザなど多くの生きものを眺め、観察し、あわよくば自分の手元で育ててやろうと息巻いていたのである。

しかし、その試みの多くは失敗に終わってきた。

がんばって世話をすればするほど、野生の生きものたちは居心地がわるそうな顔をして、エサを食べなくなって、やがて弱っていく。その一方で、早春にツナ缶の空き缶に植えたことを忘れて庭の片隅に放置していたオオイヌノフグリが、元気いっぱいに成長しているのを見たりする。

こうして僕は、自分が生きものの飼育にあまり向いていないという苦手意識と、生きものは野生で暮らし、人間とかかわりすぎないほうが幸せなんじゃないかという気持ちを持つにいたったのである。

そして、積極的に生きものを育てることはあまりなくなった。生きものが僕から受けるお世話を喜びつつ幸せに共存して生きていけるなら育てるのもやぶさかではないのだが、どうにも自信が持てないのだ。そのかわり、ちょっと離れたところから、彼らがどうやって暮らしているのか観察することにした。

すると、自然は僕にいろんなことを教えてくれるようになった。生態学や進化生物学の専門的な知識を身につけていくと、見慣れたはずの動植物の振る舞いが深い意味を持つことも理解できるようになってきた。

早春の野原に咲くオオイヌノフグリ。背の低い彼らは、ほかの植物に覆いつくされてしまう前に活動をはじめ、花を咲かせる。

なんでも研究してやろう

人はそれぞれ、大なり小なりこだわりというものを持っていることだろう。そのなかでも特にこだわりの強い人が研究者になるのかもしれない。

何かを考えて自分なりの仮説を立て、それを証明するために工夫と努力をし、その結果を発表してリアクションをもらう。この一連のプロセスに喜びを見いだせるなら、読者のあなたも研究者に向いているかもしれない。逆に、研究の一連のプロセスのどれかを苦痛に感じる人は研究者にあまり向かないかも……。本質的に向いていない人は、どんなにがんばっていても、やがて疲れ果てる日が来るかもしれない。

進化生物学者である僕は、人が生まれ持った個性はとても重要だと考えている。自分の個性に合わせて職業選択を行なえば、自分もまわりも快適に、幸せに暮らしていけるんじゃないかと思う。

僕はたまたま、好奇心が強く、知らないことを理解する手段として勉強が好きでそれなりに得意で、アイデアを出すことがおもしろくて、それを人に聞いてもらいたいという目立ちたがり屋だったから、研究者に向いていたのかもしれない。しかし別に、僕は選ばれた特別な人間だなんて思っているわけじゃない。人はそれぞれ得手不得手がある。たまたま研究者に向いているという個性は、あやとりと昼寝の達人である野比のび太の持つ個性とそんなに違いはないと思っている。

さて、そんな僕は生態学者であり、生態学者が持つこだわりとか着眼点は、ほかの学問の専門家とはちょっと違うような気がしている。最近、大学では学際研究が勧められているので、物理学や分子生物学など別の分野の研究をしている人と雑談したりする機会もあるのだが、なんとなく彼らとはこだわりの方向性が違うかもしれないと感じることもある。

生態学は理系とはいえ、その視点は経済学や社会学と共通するところが大きいような気がしている。生態学が注目する生命現象が生じる理由を考えるには、その背景を理解することが不可欠だ。しかし、自然界には未解明のことが山盛りである。現代社会のことを完璧に理解している人が存在しないのと同じだ。それでも僕ら研究者は、なんとか全体を把握して、可能性の高い仮説を立てなければならない。

そんなわけで僕は、身のまわりで起こっていることすべてが、生態学の説明を待っている現象であるように感じる職業病になってしまった。人間も生きものであり、僕自身も人間であり、かつ僕のもっとも身近に生息している大型哺乳類は圧倒的に人間だらけなのである。人間も生物なので、その感情や言動は環境の影響を受ける。また人間は、環境を劇的に改変する。人間の行動を観察し、生物学の視点から仮説を立てるのは、学術研究としても、単なる暇つぶしの戯言（ざれごと）としても、僕の興味をかき立てるのである。

僕は、どこにいても、何を相手にしていても、それなりに楽しめてしまうという特技を持っている。だから、田舎でのバス旅などもあまり苦にならない。マニアックなお寺めぐりなどをしていると、バス停のまわりに何もない場所で2時間待ちみたいなこともざらにあるけれど、そんなときこそ本領発揮なのである。道端の雑草、里山の雰囲気、どこからともなく聞こえる虫や鳥の声。人家の構造に畑の作物。あらゆるものが僕の興味の対象となり、頭の中で解析と分析が織りなされ、楽しく時間が過ぎていく。すべてが僕の興味を引くからである。

生きもの同士のかかわり合いを考えるのが生態学者であるならば、僕はその役得を最大限利用しよう。生態学を学ぶことで知り得た知識は、目の前で起こっていること

早春の花、ヒメオドリコソウが瓦の上で咲いていた。日当たりがよいからこの場所が好きなのかな？ 水はどこから来るのかな？ 考えることは尽きない。

を説明するのにたいへん役立つ。小さなころから感じていた素朴な疑問に少しずつ答えを出せるようになる。個人的には、これが生態学を勉強してきてよかったなあと、しみじみ感じることなのである。

本書は、そんな僕の「目のツケドコロ」をいろいろ語っていきたいと思う。しばしお付き合いいただけると光栄である。

2020年12月　伊勢 武史

第1章

人に囲まれて

変わりゆく世界——コロナウイルスの影響に寄せて

僕ら生態学者は、生物が環境のなかでどのように暮らしているかを考えるのが仕事だ。僕ら人間も生物であり、僕らを取り巻く環境のなかでなんとか日々を送っている。

人間という生物の特徴は、自分で自分の暮らす環境を変えること。生物はふつう、与えられた環境でうまく生き抜くために全力を尽くしはするが、環境そのものを積極的に変えようとはしない。人間以外の数少ない例としてはビーバーがいる。彼らは川をせき止めてダムをつくり、安全に暮らし子育てできる環境をつくり出す。

このように、自分で環境を改変する生物のことを「**生態系エンジニア**」とよんだりする。僕ら人間も生態系エンジニア。少し気の利いたビーバーみたいなものだ。ちなみに生態系（ecosystem）とは、ある場所の生物と非生物すべてをひっくるめたまとまりのことで、これらの要素がかかわり合いながら、その生態系をかたちづくっている。

2020年、僕ら人間の社会を新型コロナウイルスが襲った。

それは、僕らが何十年もかけて築き上げてきた社会システムをいとも簡単に、わりと根本的なところから揺さぶることになった。新型ウイルスはもちろん人類にとっての大問題ではあるが、一歩引いた目線で見ると、人間社会にとっての試金石であるともいえる。人間が試行錯誤を積み重ねてつくってきた現代社会は、人間という生物を中心とした生態系とよぶことができる。それなりに安定しているかに見えたこの生態系が、とつぜん大きな変化を強いられているのである。

レジリエンスという概念がある。外圧によって変化してしまっても、もとに戻る能力のことである（ちなみにレジスタンスとは、外圧が加わっても変化を拒む能力だ）。ほんとうに人間にとって必要なことなら、コロナウイルスの影響でそれが一時中断しても、早晩もとに戻るだろう。

食べることや人と話すこと。これらはウイルス蔓延の渦中では「悪」のようにみなされることもあったりするが、これらは

北アメリカ大陸北部では、
しばしば大きなビーバーのダムが見られる。

人間の本能的なものだから、コロナ騒ぎが収束したらもとに戻るんじゃないだろうか。もとに戻るどころか、自粛の反動で、とてもテンションの高い数年間がやってくるような気がしてならない。

その一方で、満員電車で出社して、ときには新幹線に乗って出張して会議して、という現代日本の習慣は、コロナ騒ぎが終わってからも、もうもとに戻らない気がしている。昭和の高度経済成長期、日本では人口の都市集中が進み、満員電車での通勤を余儀なくされる人が増えていった。

日本の社会が農業中心だった時代は、朝起きたら自宅のそばの田畑で作物の世話をしていたわけだから、満員電車とは無縁である。これが日本の歴史の圧倒的な長期間を占めていて、満員電車時代はたかだか直近の数十年にすぎないのである。

もっとも、満員電車で通勤するという選択にはメリットもあった。田舎で農業をするよりも都会で会社勤めをするほうが経済的に安定するので、トレードオフ（交換条件みたいなもの。何かを得るためには別の何かを失わなければならないという選択は人生の常ですね……。）として満員電車をがまんするのもわるくない。生態学的な表現をすると、都会で会社勤めをするという戦略にはデメリットもあるものの、総合的にはその人の生存と繁殖の役に立ってきたのかもしれない。

このようなわけで、高度経済成長期には合理的だった「満員電車通勤戦略」だが、そのような生活習慣が廃れる機は徐々に熟していた。その最たる要因はインターネットだろう。インターネットが普及しはじめて20年あまり、いまでは有線でも無線でも高速で安定した通信が提供されていて、職種によってはその気になれば出社しなくても、全国どこにいても仕事ができる状況はすでに整っていたのである。

ただ、たとえ非効率でも、みんなで一緒に苦労を味わうのが美徳とされる日本社会での改革はなかなか進んでいなかった。たとえその必要はなくても、決まった時間に対面で会議に出席するのが当たり前という感覚が共有され、それに疑問をさしはさむことすら思いつかなかったのである。僕もその感覚に毒されていて、会議に参加するためには日本全国、あるときは外国にまで出張しなければならないと思っていた。1時間の会議のために、片道2時間かけて駆けつけるなんてザラだったのである。

そんな昨今だったが、コロナウイルスの影響で強制的に、対面での会議はとつぜんの終焉を迎えることになった。在宅勤務未経験だった僕らは、最初は戸惑ったものの、慣れてしまえば、毎日の通勤が必要ないことに気づいてしまったのである。僕自身についても、これからは対面の会議のために出張する機会は激減することだろう。それどころか、京都大学内の会議でもオンラインでやるのがよいとさえ思っている。

こんなふうに不可逆の変化が生じることは、自然界でもある。たとえば森林火災がそうだ。森の樹木は葉や枝を一定のペースで入れ替えていくので、地面には枯葉や枯れ枝（有機物）が堆積していく。森の成立から時間がたてばたつほど、これらの有機物は増えていくことになる。そしてこの有機物は、森林火災の燃料になるのだ。一見安定しているように見える森でも、じつは火災という劇的な変化を起こすための燃料を徐々に蓄積しているのだ。森の樹木がさかんに活動すればするほど、森を焼き払うための燃料が蓄積されていく。そして、ずっと安定していると思われていた森林が、一晩で灰になったりする。

これは、一見すると安定しているように見えた日本の「満員電車通勤社会」が、じつは変化を引き起こす要因を徐々に蓄積していたことと似ている。機が熟せばマッチ1本で大火事が起こるように、社会にも劇的な変化が訪れる。安定しているように見えるシステムでも、それがずっと続く保証はない。自然の生態系でも人間社会でもそれは真実だと思う。

『易變體義』という中国のマイナーな古典に「治が極まれば乱を思い、乱が極まれば治を思う」という表現があるらしい。

安定しているように見えたら変化する、変化したと思ったらまた安定するみたいに、万物は流転しているという意味だろう。中国的な道教や老荘思想に通じる考え方であるが、現代社会を考えたり、生態系を科学的に捉えたりするときにも役立つ考え方である。とにかく、永続的な安定など幻想かもしれないのだ。

コロナウイルスとの向き合い方

理系の学問は、ふだんは世の中から切り離されていて、自然界の事象を淡々と研究しているように感じる方も多いだろう。大学という聖地（あるいは珍獣を保護する動物園）に守られている、浮世離れした僕たち科学者。しかし、いざというときには社会にその存在を示すときが来る。いたずらに僕らは珍獣としてエサを食んでいるわけではないのだ。そしてその「いざ」という緊急事態のひとつが、２０２０年の新型コロナウイルスの感染拡大なのかもしれない。

環境問題にかかわっている僕は、専門家目線とバランス目線の両方が大事だと思っている。このバランスは、政治家にも一般市民にとっても、とても大事である。以下で少し説明してみよう。

感染症の専門家は、感染拡大の最悪のシナリオを叫ぶ。何も対策をしなければ何十万人が死亡しますよと言う。それはちゃんとした根拠にもとづいて専門的に計算された数字である。しかし僕らは、科学者の計算にはすべて「仮定」が存在していることを忘れてはいけない。その仮定を無視して、結果だけで大騒ぎしてはいけない。専門家の言うことを、感情的にならず冷静に受け止めることが大事。

専門家は得てして、通常はありえないような仮定を設定しがちである。たとえば、まったくコロナウイルス対策をしない（予防も治療もしない）というシナリオを想定し、その場合は日本で何十万人が死亡する、とシミュレーションする。これは別に、市民をいたずらにおびえさせるためではない。最悪のシナリオを比較対象として設定することで、その後検討する種々の対策がどの程度の効果を持つのかを客観的・定量的に表現することが可能になるのだ。しかし、ショッキングな予想だけが切り取られてワイドショーで取り上げられると世間はパニックを起こす。過敏になって不謹慎狩りを起こす人まで出る始末だ。

これは科学者とマスコミと市民それぞれが意識しなければいけない問題である。マスコミは、専門家が学術論文でやっていることをそのまま世間に出すとパニックが起きることを忘れて

はならない。一般市民は、専門家は仮定にもとづいた計算を発表しているだけだから、それは単なる思考実験として捉えなくてはならない。これは科学リテラシーの一環だ。

科学リテラシーは、研究者の話を聞くときにマスコミや市民が前提として知っているべき考え方のこと。SNSなどを見ていると、科学リテラシーが欠如した状態で世論が形成されていることも多々あり、あぶなっかしいなあと思う。

さて、テレビでは連日、いろんな分野の専門家がいろんなことを言う。感染症の専門家は、感染症対策を強調する。「市民は何をしたらいいですか。政治は何をしたらいいですか」と問われたときに、感染症の専門家は、感染拡大を最小化するためのアドバイスをする。

それは当然だ。もし、感染症の専門家が「感染症対策よりも経済を優先したほうがいいですよ」なんて言ったらとても違和感がある。専門家として自分に求められていることを言うべきなのだ。

同様に、経済の専門家は、「このまま自粛が続けば経済的損失はどうなって、倒産件数がどうなって……」ということを言う。自粛の程度と期間に応じて、複数のシナリオで将来予測をするべきだ。

では、どんな対策がベストなのか。ベストな対策は、感染症の専門家の言いなりになることではない。経済の専門家の言いなりでもいけない。そのあいだのどこかにあるだろう。それを探すのが政治家の役割である。そして、政治家に権力を与えているのは僕ら市民である。これが民主主義だ。しかし、市民がマスコミに惑わされて、感情的になって過激なコロナ対策を求めるようになると悲劇が起こるのである。

ちなみに、社会がからんだとき、「ベスト」とは「100点満点」ではないことを、僕らはちゃんと覚えておかなければならない。ベストとは、現実的に可能なかぎりの努力をし、それが実を結んだ状態のことであり、決して100点満点と同義ではない。満点じゃないんだから、当然不備なことも多々ある。不満を持つ人もいることだろう。そのような不備や不満を無視してはいけないが、ことさらそれらをあげつらって、対策が無価値なものと批判するのは間違っているのだ。

世の中には案外、100点か0点か、という二元論でしかものを考えない人が多い。でもそれって弱さじゃないだろうか。100点を取れないなら意味がない、ならば努力は無価値だから0点でいいや、と考える人は、努力することから逃げていると思う。僕らは強いこころをキープして、50点を55点にするための工夫をする。その次は57点を目指す。

１００点じゃなきゃ文句を言う人は、そんな僕らをあざけり中傷するだろうが、負けてはいけない。今回は医学や感染症の専門家、経済の専門家が問題に直面してがんばることになったが、明日は我が身、大きな環境問題が生じたとき、社会としっかり向き合って仕事をしなければならないと僕は思っている。

他者との関係を整理する

僕ら人間は、他者とかかわり合いながら生きている。その人は自分の味方か敵か。自分の役に立つのか、それとも自分を搾取するのか。人間関係は多岐にわたり、僕らは神経をすり減らす。生きものたちの世界もそうだ。彼らもやはり、協力したり、たたかったりしながら生きている。

生態学は、環境のなかで生きている生物について考える学問だ。自分という生物個体から見ると、自分のまわりで生きている別の個体は、自分にとっての「環境」である。自分の味方がたくさんいると「いい環境」、敵ばかりだと「わるい環境」だ。生物にとっての「いい」「わるい」は、適応度という尺度で評価される。その生物がどれくらい首尾よく子孫を残せるかが適応度。つまり、生存と繁殖に成功した者の適応度が上がるというわけだ。

さてここでは、ロジックを使って生物同士の関係を整理してみよう。生物Aから見た生物Bの存在は、「いい」「わるい」「どうでもいい」のいずれかにまとめられるだろう。これ

生物Bから見た生物Aの存在

生物Aから見た生物Bの存在	いい	わるい	どうでもいい
いい	相利共生	捕食	片利共生
わるい	捕食	競争	片害共生
どうでもいい	片利共生	片害共生	無関係

はもちろん、適応度という尺度で評価した結果である。生物Aの近くに生物Bがいることで適応度が上がるならば「いい」、下がるならば「わるい」、目立った変化がないようなら「どうでもいい」となる。

注意点をひとつ。生物Aにとって生物Bが「いい」場合でも、逆に生物Bから見たら生物Aが「わるい」ことも多々ある。人間関係だってそうだろう。AさんがBさんのことを好きでも、Bさんからは嫌われているという、悲劇というか喜劇のような状況は多数生じるのである。というわけで、図のように、生物Aと生物Bの関係性は、合計9パターン生じることになる。

ひとつずつ見ていこう。**相利共生**は見慣れない単語かもしれないが、字を見ればなんとなく意味がわかるかもしれない。相互に利益があるから相利共生ということだ。たとえばイソギンチャクとクマノミは相利共生している。クマノミは外敵からイソギンチャクに守ってもらう。イソギンチャクはクマノミのエサのおこぼれをちょうだいする。こうして、イソギンチャクとクマノミは、一緒に過ごすことがお互いのためになっているのである。

それでは**片利共生**とは何か。どちらか一方の生物から見たら、相手がいることでプラスになっている。しかしもう一方から見たら、他者の存在はどうでもいいのである。たとえば、森を歩いていて大雨が降ってきたので、大木の下で雨宿りしたとしよう。僕らにとっては、大木の存在はたしかにプラスになった。しかし大木にとっては、しばしの間雨宿りした人間がいようがいまいが関係ないのである。

片害共生というのもある。どちらか一方から見ると、相手の生物から危害を加えられている。しかし危害を加えている側にとっては、その相手がいようがいまいが、どうでもいいのである。たとえば、ヤシの木はどうだろうか。ヤシの木は、とても大きくかたい実を浜辺に落とし、その実が波や風に運ばれてどこかの砂浜に漂着し定着する、という繁殖戦略を持っている。その実が落ちたとき、偶然にもその下を歩いていた小さなネズミを直撃してしまったら。あわれなネズミはヤシの実のせいで適応度が下がってしまう（死んだり大けがをしたり、ということだ）。しかし、当のヤシの木にとっては、下にネズミがいようがいまいが、自分の適応度に影響はないのである。

競争とは何か。同じ立場でかぎりある資源を奪い合うとき、競争が生じる。たとえば森に2本の木が隣り合って生えているとき、彼らは日光や水や養分を奪い合う競争関係になる。お互いに全力を尽くして、相手を上回ってやろうとする。相手より背が高くなると、自分が日光を独り占めできるのだ。だから樹木は、一本で原っぱに生えているときよりも、森に密集しているときのほうが、ひょろひょろと上に伸びようとする。それはほかの木と競争しているからなのだ。

捕食とは、一方にとっては相手がいるとプラス、他方にとっては相手の存在がマイナスの関係。たとえば、ライオンはシマウマが近くにいるとありがたい。獲物としてつかまえることで、自分の適応度が上がるからだ。逆にシマウマにとっては、ライオンが近くにいると適応度が下がることになる。このプラス・マイナスの関係は、捕食にかぎらず、寄生でも生じる。寄生する側にとっては宿主の存在はありがたいが、宿主にとって寄生虫はたいへん迷惑である。

お互いに何の影響も与えない無関係の間柄というのももちろんある。ちょっと待て、地球上に生きる生物で、お互いにまったく無関係なものなんて存在しないはず、なんて意見があるかもしれない。それはたしかに正論であり、もしかしたら何か影響を与えているのかもしれないけど、現代の生態学者に観測不可能なほど微妙な関係ならば、まあ無関係と見なしてよかろう。

いかがだろうか。少々ロジックをはたらかせることで、漠然とした他者との関係を整理して名前をつけることができた。このように、問題を場合分けして分類し、それぞれが生物に与える影響を考えるというのは科学的な手法のひとつだ（還元主義（reductionism）といい、複雑なものごとをパーツに分けて理解するという考え方）。注意点として、他者との関係は状況によってプラスとマイナスが逆になることもあることを挙げておく。

たとえば、日ごろは競争している森林の樹木たちも、台風などで強い風が吹くときは、集団で風よけの効果をつくり出し、倒れずに済むことがある。顕著な例は、森林限界付近に生息するハイマツだ。彼らは密集して生育することで、暴風が吹き荒れる山頂付近の過酷な環境を生き抜いている。もしもこのあたりの風が弱まるような気候変動が生じたら、彼らは競争をはじめ、樹高を伸ばして相手を圧倒しようとするだろう。注意点をもうひとつ。生物同士の関係性を図表で整理する僕ら学者でも、人間関係の機微に長けている保証はまるでないということだ。

ストレスと加齢の関係

不遇な環境で育ったため、幼少期に暴力などの虐待を受けた子どもは、思春期になる（第二次性徴が現れる、つまり生殖可能になる）のが早く、その代償として老化も早いという研究を見つけた（Colich *et al.* 2020, Biological aging in childhood and adolescence following experiences of treat and deprivation: a systematic review and meta-analysis, *Psychological Bulletin.*）。これを知っていろいろ考えさせられたので、書きとどめておきたい。

現代の日本では、社会階層の固定化が問題にされることがある。たとえば、一流大学の学生は、親も一流大学出身者が多かったりする。あるいは、一流大学に子女を通わせる家庭は高収入だったりする。このように高学歴・高収入という特徴が次世代に受け継がれることが多々ある。政治家に二世・三世議員が多いのも類似の現象で、政治家を輩出する家柄というものが徐々に固定化されていっているように思われる。

ということは、逆の方向について考えると、高学歴・高収入じゃない家庭の特徴も次世代に受け継がれていくということになる。政治家に縁がない家庭は次世代でも縁がないことが多い、というのと同様だ。

こんな現象はほかの国でも見られる。階級社会・格差社会の典型のようにいわれるイギリスだけでなく、自由を求めてやってきた移民によってつくられたはずのアメリカなどでもそうだ。

アメリカに王侯貴族はいなかったのに、2代続けて大統領になる一族などが現れたりする。こうして僕らは、次第に階級が形成され固定化されていく過程を目の当たりにしているのではないか。人間社会には、階層を固定化するなんらかの力がはたらくようになっているのかもしれない。

日本もアメリカも政府は無策ではない。収入の低い家庭出身の学生が優先的に受けられる奨学金もある。低収入な家庭に手厚くする制度はほかにも、所得税の累進課税などがある。それでもなお、依然として階級は打破されず、かえって固定化が進んでいるようにも思えてしまう。

これまで僕は、このように階層が固定化されていく現象は純粋な社会問題だと考えていたのだが、この論文は、階級の固定化には生物学的要因もかかわっている可能性を示唆したという意味でとても興味深い。

貧困の再生産が問題にされる。貧困家庭に生まれた子どもたちは家庭環境に恵まれないことが多く、非行に走りがちであるとか、10代で妊娠して親になることもわりとあるという（ちなみに逆の例であるが、高学歴の人ほど初産年齢が高いというデータもある）。貧困家庭出身で経済的基盤が確立していない若者が子どもを育てると、親としての精神的成熟と経済的安定が足りないため、子どもたちに悪影響がおよぶこともあるだろう。

この研究によると、そのような子どもたちは性的成熟が早いため、次の世代を産むのもまた早くなる。こうして貧困などに苦しむ層が固定化され、強化されてしまうのである。

ちなみに、僕が思春期を過ごした1980年代の徳島県は、そりゃもうヤンキー文化の爛熟（らんじゃく）期にあたり、1学期まではふつうの少年だった友だちが、夏休みが明けたら金髪になって登校したりしたものだった。経済的に不安定な家庭の子女も、ふつうのサラリーマン家庭の子女も、かなりの確率でヤンキー文化の洗礼を受けたものである。メガネのまじめクンだった僕は、ヤンキーたちにビビりながら観察していたのだが、なんとなくヤンキーの「筋金入り度合い」が、彼ら彼女らの家庭環境に依存しているような感覚を持っていた。

ふつうのサラリーマン家庭の子女は、ヤンキーが流行っているからそうしているだけ。でも家庭環境や経済環境に恵まれていない子たちは、なんというか、とにかく筋金入りのガチのヤンキーになるのだった。この研究は、そんな僕の青春のほろ苦い思い出もかき立ててくれたのである。

さて、この研究が掲載されたのは心理学の論文誌だが、生態学にも深くかかわっていると思った。「幼少期につらい目に遭うと性的成熟が早い」という現象は、人間だけでなくそのほかの生きものたちにも存在してしかるべきだからだ。

たとえばトマト。

ストレスなく成長する個体よりも、ある種のストレスを受けたほうが早く開花するらしい。

「ミツバチが植物の葉にダメージを与え、開花を促す事を発見」

元ニュースはether.ch [Bumblebees speed up flowering]（Foteini G. Pashalidou, Harriet Lambert, Thomas Peybernes, Mark C. Mescher, Consuelo M. De Moraes. Bumble bees damage plant leaves and accelerate flower production when pollen is scarce. *Science*, 2020; 368 (6493): 881 DOI: 10.1126/science.aay0496）

トマトにとって理想的な一生を考えてみよう。

芽生えから苗の時期は日光・水分・養分をじゅうぶんに与えられ、外敵から守られ、すくすくと育つ。立派な大人になったところでおもむろに花を咲かせて繁殖する（花を咲かせるというのは植物の性的成熟を表している）。すると結果として、立派な果実をたくさん実らせることができる。果実の中には種子が存在している。種子の数が多く、ひとつひとつの種子が大きいことが、たくさん子孫を残すことにつながる。

生物は**遺伝子の乗り物**だと言ったのは生物学者のドーキンスである。このストーリーは、トマトのなかの遺伝子にとってベストなシナリオということになる。この遺伝子は、たくさんのコピーを生産して次世代にばらまくことに成功するからだ。ところが環境は、いつでも生物にとって理想的とはかぎらない。むしろ理想的な人生なんて稀であろう。

話をわかりやすくするため、理想的なトマトの一生では、発芽してから100日後に花を咲かせ、結果として100個の種子を生産するとしてみよう。しかしそのトマトが害虫に襲われて、発芽して90日の時点で死んでしまうとしよう。そうなると、このトマトが次世代に残す種子の数はゼロになってしまうのだ。

これを回避するため、害虫の多い環境で育ってきたトマトは、生まれてから70日後に花を咲かせるという行動に出ればどうだろうか。そうすれば、死ぬまでに少なくともいくらかは種子を生産することが可能になる。つまり、ゼロよりはマシなのである。こうして、「ストレスを感じたら性的に早熟になる」という遺伝子はメリットを持つことになる。

人間も同様なのかもしれない。安定した環境で育った子どもたちはじゅうぶんに成長してから子どもを産むので、結果的にその子どもたちも精神的・経済的に安定する。逆に、戦国武将たちが10代で子どもをバンバンつくっていたのは、社会不安がそうさせていたのかもしれぬ。彼らは生き急いで、なんとかしてこの世に子孫を残してから死のうという本能に突き動かされていたのかもしれない。

こういうことを考えていて、学生時代を過ごしたアメリカ西部の草原のことを思い出した。ひとことで「草原」といっても、そこにはいろんな草が生えている。発芽してから数十日で開花して、種子を結び死んでいく一年草。発芽して成長し、いったん冬を越してから翌年に花を咲かせる二年草。ある程度長生きして毎年花を咲かせる多年草。これってまさに、いま考えている問題に似ているよね。環境によって、どういうふうな生き方がベストか変わってくるのだ。

アメリカ西部の草原を草原たらしめているのは「火」であった。雨が少なく乾いたこの場所では、日本では考えられないくらいの高頻度で林野火災が発生する。火災は成長に時間がかかる樹木の苗木を燃やしてしまうから、樹木が育たずに草原がキープされるのである。ちなみに、人間ががんばって火を消すことで、草原がだんだんと森林化していくという現象も観察されている。

日本でも、阿蘇山麓の草原をキープしているのは、人為的な火災である。毎年地元の人たちが草原に火をつけて樹木の苗を焼き払っているから、草原が草原として保たれているのである。

アメリカの草原では、火災の頻度がとても高い場所には一年草しか生えていない。僕が数年間を暮らしたワイオミングでは、その名もfireweedという雑草が典型的な一年草であった。火災の頻度が下がってくると二年草や多年草が増えてくる。頻度がもっと下がると樹木が生えてきて、やがて森林になるのである。

人間も生物だから、その人生を環境から切り離して考えることは不可能だ。人間にとっての環境は自然環境だけじゃなくて、家庭環境・社会環境など人間がからむものが多い。

第二次世界大戦が終結してから、日本人はこれといった戦争に巻き込まれることもなく、安定した社会と文化を築いてきた。そしていま、人びとの晩婚化と少子化が問題とされている。だが、もし将来、社会環境が変われば、再び日本人が早熟・多産なモードに切り替わることもありえるのである。そしていまでも、日本のなかでも社会的に不安定な環境に暮らす人たちは、比較的早熟・多産になっているのかもしれぬ。

生物学者である僕は、倫理的に何が正しいかを言う立場にはない。言いたいのはただ、環境が人を変えるということ。環境に合った思考と行動ができる者たちが繁栄する。そして人間も、生物としてそのような柔軟性を持っているのだと思う。

Small is beautiful

Small is beautiful.

小さいことはうつくしい。

20世紀に活躍したドイツの経済学者、E. F. シューマッハの書いた本のタイトルである。

この考え方は、一見すると世間の常識に反しているようにも思われる。人はたいてい、お金持ちになりたい、そしたら大きな家を買って、大きな車に乗って……、みたいな夢を見がちである。このように、状況と力の許すかぎり、経済的に大きくなってやろうという傾向は、人間が本能的に持つ性質なのかもしれない。

歴史をひも解くと、成功者たちはたしかに、大きくなりたがっていた。アレクサンダー大王、始皇帝、豊臣秀吉……、権力者たちはみな国を大きくし、巨大な宮殿や城をつくり、後宮に女をはべらせ……、みたいなことをしてきたのだった。生物学的に解釈すると、この現象は人間に生じた自然選択が原因だということが可能である。

社会的に成功した人は富をかき集めることができ、それは自分の適応度を上げることにつながる。たくさんの食べものと従者と配偶者を集めると、繁殖に有利になるのは当然だろう。その結果、成功者の遺伝子は分布を拡大する。これこそが適者生存であり、生きものに普遍的な現象なのである。

ところがこの、なんでも拡大してやろうという人間の本能ではカバーできない問題もある。それが環境問題だ。人口密度が低く科学技術なんてものが存在しなかった原始時代は、当時の人間が全力を尽くしても、世界のすべての資源を使い切るなんてことは不可能だった。だから太古のむかしは、環境問題については深く考えず、ただ目先の資源を独占するというモチベーションと能力を持つ者の適応度が高くなったのである。

しかし時は移り現代。人間は世界中で数を増やし、いろんな資源を我がもの顔で利用するようになった。このままのやり方では、世界の資源の枯渇が現実味を帯びてきたのである。

たとえばアメリカ人のように、大きいけど気密性が低く古い家で暖房をガンガンかけて、冬でもTシャツで過ごすようなライフスタイルを世界中の人が送るようになると、世界は破綻するのである。これについては、人間は本能だけに従うのではなく、理性をはたらかせて後先を考える必要がある。そこで出てくる考え方が、「Small is beautiful」である。

人間は幸い、原始時代からその大きな脳みそを長所として生きてきた。脳みそが大きいことの利点は、本能にプログラムされていない新しい環境に置かれても、その状況を観察して理解し、考えて合理的な行動ができることにある。このように、それまで体験したことがないことにも適応できるというのが人間のすばらしさであり、環境問題という近年深刻化する問題に適応する原動力になるのではないだろうか。

ちなみに広い意味では、環境問題というのは、生物の世界でもいろいろ発生している。環境が変われば、それは生物の生存と繁殖を脅かすことになる。たとえば、ある離島に外来種のネズミがやってきたとしよう。その島にそれまではネズミのような生物はいなかったので、そこに暮らしている生きものたちは、ネズミに対して無力だった。

たとえば、地べたに巣をつくり卵を温める鳥は、すぐにネズミの格好な餌食となり、ほどなく絶滅した。天敵がいなかったのでゆっくり歩いていたトカゲやカエルたちもネズミに食いつくされた。

このように、簡単に手に入る獲物が島には豊富だったので、ネズミは急激に数を増やした。しかしやがて獲物は激減し、ネズミは飢えに苦しむようになった。しかも、密度が高くなりすぎたことにより、伝染病が蔓延することにもなってしまった。

かくしてこの島のネズミたちはほとんどが死んでしまうことになったが、むかしのような生物多様性は戻らない。島の固有種たちはあらかた絶滅してしまったからだ。こうしてこの島は、生き残ったネズミがまばらに暮らす、さびしい場所になってしまった。このように、人間以外の生物の世界でも、食糧問題や公衆衛生などの環境問題は頻発しているのである。

この島にやってきたネズミたちは、不幸なことに、後先を考えるという能力を持っていなかった。だから彼らは、食べられるだけの獲物をひたすら食べ、産めるだけの子を産みつづける。その先に破たんが待っていたとしても、それを止めることはできなかった。では、いままさに環境を食い荒らしている人類も、荒廃を止めることはできないんだろうか？そうとも限らない、と僕は思う。

何度も言うけれど、人間のおもしろさは後先を考えることができること。未来のためにいまがまんしよう、という理屈に沿って行動できるのだ。これは人間が持つ、農耕や牧畜という産業形態にも現れている。木の実や子羊を手に入れたら、その場で食べてしまうのがいちばん楽だ。しかし農耕や牧畜には、食べるのをがまんして未来のために苦労して育てるという知能が必要になる。このように、未来を思い描く能力と、未来のためにいま苦労する自制心によって**農耕や牧畜**という産業を発明できた人類は、将来の環境問題のために、いま欲望を抑えるという判断もできるんじゃないかと僕は思っている。

「Small is beautiful」は、発想の転換を迫る言葉である。これまでは大きいことが富と力の証しだったが、これからは小さいことにうつくしさを見いだしていこうという勧めである。20世紀後半、ちょうどさまざまな環境問題が注目されはじめた時期に出版されたシューマッハのこの本は、世界中の人びとに知られるようになり、環境問題の解決に果たした役割は計り知れない。

さて、日本人のミニマリズムというのは、「Small is beautiful」の世界観を実現するためにプラスにはたらくと思う。開拓時代のアメリカ人には、広大な国土を駆け巡りお金を稼げる場所を探す、その土地の資源を吸いつくしたら別の場所に移動する、みたいな遊牧民タイプの行動パターンが見られたが、日本人はずっと長く一か所に定住し、狭い土地を持続的に利用することに腐心してきた。たとえば、かれこれ１５００年以上も人が住み農業を行なってきた奈良県明日香村には、いまも豊かな田園風景が広がっている。これってすごいことだと思う。

さらには、日本人の持つ、わび・さびやもののあわれの概念も興味深い。たとえば茶道。大金持ちや支配者たちが、わざわざ狭く暗い茶室にやってきて、ひしゃげた形の茶わんでお茶を飲むのである。これ以外にも、腰をかがめないと入れない狭い入り口から入室するなど、茶道は人間のおごりを戒めて、人間が小さな存在であることを知らしめる仕掛けが多々ある。いうなれば、わざと「貧乏プレイ」をやって、「わびしいティ」を楽しむのが茶道である（苫屋（とまや。あばら家のこと）に千金の馬をつなぐという表現があらわすように、わざと質素で不便なことをしてみるという、少々ひねくれた思想が茶道の根底にあるような気がしている）。暮らし向きが豊かすぎると、もののありがたみは薄れてゆく。逆に「貧乏プレイ」をすると、いただくお抹茶とかお菓子とかが、ことのほかおいしく感じられるのである。

人間の行動を動かしているのが僕らのこころであるならば、そのこころに新しい楽しみを教えることで、僕らは行動を変えることも可能ではないだろうか。それはわびさび的な世界観かもしれない。質素なものに満足し、つつましやかに生きること。

そうすれば僕らは、大金持ちの豪遊に負けず劣らずの楽しみを見いだせるかもしれない。小さなものがうつくしいことに気づくと、それは一生の財産になる。足ることを知ることで、僕らは豊かに、持続的に生きていきたいと願うのである。

インタビュー◎1

まずは自然をしっかり理解しよう

自然の摂理を知り、環境を保全する方法を探る

滝沢侑子
（たきざわゆうこ）
北海道大学 低温科学研究所 助教。同大学 大学院環境科学院修了。博士（環境科学）。2018年より現職。専門は地球生命科学で、軽元素の安定同位体を用いて、生物を介したエネルギー循環を定量的に解明することに挑戦している。趣味は森歩き、博物館巡り、アイドルの応援、ゲームなど。

筆者と同じく、生きものの生態や環境問題に向き合っている滝沢さん。でもその切り口はセンスにあふれ、学ぶことがたくさんあります。自然を利用することと守ることを絶妙なバランスで両立する。むずかしい課題ですが、これからの環境保全には欠かせないことです。彼女の自然観について聞いてみました。

――現在、どんな研究をされていますか?

ざっくり言うと、ある生きものが、なぜその生態系や環境で生きていけるのか? という疑問に答えるための「手がかり」を探るような研究をしています。

どうしてそこに関心があるのかというと、生態系を含む自然界はとても洗練されたシステムとして成り立っているはずなので、「ある環境」に生息しているあらゆる生物たちは、その環境にもっとも適応できているからこそ生き残れていると考えることができます。私はその「この環境で生き残っているのが、なぜ「彼ら」なのか? そこにはどんな理由や、機構、戦略があるのか、そして、そもそも生物たちを取り巻く自然界のシステムがどのように成り立っているのか? ということに興味を持ち研究しています。

――大学院ではどのような研究をされていたのですか？

もともと気候変動や環境問題に興味があったので、学部から修士までは同じ大学の研究室で、海の底に溜まった堆積物（泥など）を対象に化学分析を行ない、過去から現在に至るまでに、気候や海の環境がどのように変わっていったのかを明らかにするための研究をしていました。

ですが、研究していくなかで、過去や未来のことに関して何か述べようとしたときには、たとえ私が有力そうな仮説を立てられたとしても、「検証すること、その根拠を得ること」がむずかしい、という問題が常に立ちはだかっているな……と気づいたんです。これは個人の性格もあると思いますが、そこがどうしても私のなかでは引っかかってしまって。しばらくモヤモヤとした気持ちを抱えていました。

じゃあこのモヤモヤを解消しようとしたときに、仮説を立てたうえで、実験をし、検証までをセットで行なえるような研究をするためには、「いま現在起きている現象に着目して研究する」のがいちばんシンプルなのでは？　と考え至りました。なので、博士課程では、その「検証する」手段を使えたり、検証するための新たな方法を確立したりするような研究をしてみたいと思い、大学をうつることにしました。博士課程の間は、所属大学とは別の研究所にもしばらくお世話になりました。そこでは、化学分析により特化して、測定技術や方法論など、いろいろなことを勉強させていただきました。

——大学院で勉強していたことが、いまの研究に役立ったことはありますか？

少し踏み込んだ話になりますが、先ほど、学部から修士までは「堆積物の化学分析をしていた」と言いましたよね。私はその堆積物に含まれている「有機物」を研究対象として、その量や組成を調べていました。けれども、その有機物が、堆積物の中でどのように存在しているか、たとえば、何者かによって合成された当時と同じ状態が維持されているのか、それとも、合成された後に水の底に沈むまでに、あるいは堆積した後に分解されているのか、もし分解されているとしたら、その程度はどのくらい（何％くらい）なのか？　といったことが、少なくとも私が学生だった当時は、誰にもわからないし、調べる手段もない状態だったんです。その問題を解消するために……つまり、有機物が分解された「量」を評価するための測定法をつくりたくて、その研究を博士課程から始めて、いまも続けています。そういう意味では、私はいまも大学院での研究の延長線上にいるという感じですね。学生時代に学んだことは、大いに役立っています。

――その評価する手法が「分子内安定同位体比測定法」ですか？　それはどのように開発されているのでしょうか？

そうです。私は現在「安定同位体」を用いた研究をしています。有機物の安定同位体を「分子」ごとに測定する装置はすでに存在していて、地球化学や食品化学の分野などで、多くの研究者が使っています。そのうえで、「分子内」レベルでの測定……すなわち、有機分子の中の特定の部位、たとえば、ある官能基（有機化合物の中にある特定の構造のこと）に含まれている同位体情報を取り出すこと自体も、研究者に相応の技術力があれば、分子レベルの測定で用いる装置を改造することで達成できますし、実際にいくつかの先行研究もあります。しかし、いままで発表されてきた分子内同位体比測定法の研究では、私が関心を持っていた「分解された量を評価する」といったような、自然界での現象を評価するための方法論としては提案されていませんでした。

このように、使っている技術自体は、先人たちが開発したものがベースとなっていて、いまその技術を習得することに勤しんでいます。そのうえで、先人たちが考えてこなかった「穴」とか「抜け目」のような場所に杭を打ち込むように、アイデアを持ってきたり、いままでとは異なる領域の知識を導入したりすることで、「いいとこどり」できるような研究をやれたらいいなあと思っています。実際に、学部生のころの私の専門は地球科学だったのですが、いまは生物と化学の勉強をしています。新たに何か学ぶのは大変ですが、楽しくもあります。

――なぜ研究者になろうと思ったのか、そのモチベーションを教えてください。

私は関東平野の端っこのほうの出身なんですが、小学生のころの遠足といえば、行き先はたいてい学校の裏にある「山」とかだったんです。私はそういう場所で遊ぶのが好きでした。

私が小学生のころ（1990年代）は、ちょうど「環境問題」や「地球温暖化」といった言葉が飛び交うようになった時代でした。校庭で遊んでいると「光化学スモッグ注意報です」とか言われて、校舎の中に入らなくてはなりませんでした。そんな日々が毎日のように続いていたんです。

それに加えて、在籍していた小学校が環境教育に熱心だったこともあってか、そもそも「環境問題」自体が、私にとってはずっと気になる存在で。やがて「どうやらこれらの問題は人間が引き起こしているらしいぞ？」ということを知っていったんです。それからは、漠然とではありますが「いまある自然ってどのくらい持つんだろうか。なくなっちゃったらいやだなあ。私の子どもの世代、その先の世代も、この山で遊べるんだろうか?」ということを、考えるようになっていきました。

高校では山岳部に所属していたのですが、たとえば北アルプスの上高地から奥穂高岳を目指して歩いていると、いままで関東平野の縁で自分が見てきたものとはまったく違う生態系や植生がそこにあることに気づかされたんです。そして「何がこの差をもたらしているんだろう?」という疑問を抱くようになっていきました。いま思えば、小学校〜高校という多感な時代に感じてきた「うっすらとした疑問」のすべてが、いまの私の研究へのモチベーションにつながっているのかもしれないです。あとは単純に、仮説を立てて検証するという、疑問を解き明かすプロセスそのものに楽しさを感じているのもあります。その両方ですかね。

ちなみに私は「研究者になるぞ〜!」と明確な意思を抱いて生きてきたわけではありません。ただ、研究者という職業に憧れを持つようになったのは、高校生時代のSSH(スーパーサイエンスハイスクール)活動で、実際に研究者として働いている方々の話を聞くようになってからです。高校生だった当時「自分の仕事について、目を輝かせながら語る大人」という存在自体がとても稀で、刺激的でした。とてもかっこよく見えましたし、「そんなに楽しい仕事があるなら、やってみたいもんだな〜」って思うようになりました。伊勢さんと初めてお会いしたのも、このころですね。いまこうして研究者として働けているのは、運がよかったとしか言えないです。

――研究で行き詰まることもあると思うのですが、気分転換はどうされていますか？

そういうときはたいてい、放置します（笑）。「あー、もうダメだあああ！」ってなってしまったらもう、無理にやろうとしてもどうせできないので、趣味に没頭することにしています。最近（2020年秋現在）はあまり出かける機会に恵まれていないので、ももいろクローバーZのライブ映像を見て、元気をもらっています。あとは好きなゲームをしたり、工作したり、ヨガをしたり。自由に出かけられていたときには、ライブに行ったり、山や森を歩いたり、博物館に行ったり、旅行に行ったりしていました。そうやってすべてを放り投げて遊んでいると、そのうち自発的に「あ〜、そろそろ研究やるか〜！」という気持ちになってきます。心身ともに元気に研究を続けていくためにも、趣味はほんとうに大事です。

――最近興味を持っている自然や社会の現象はありますか？

やっぱり「環境問題」に対する興味はずっと続いています。ですが最近は、ちょっと視点が増えてきたというか、以前よりも立体的に見えるようになってきました。

小学生のころから受けてきた環境教育の文脈としては、たとえば、スタジオジブリ映画の『平成狸合戦ぽんぽこ』で描かれていたような、人間が開発のために山を切り崩して、いままであった自然環境を劇的に破壊したことによって、それまで平和に生きていた生きものたちを危機に追い込み、居場所を奪ってしまうという状況。そんな現状に対して「それってどうなの？」と問題提起していくようなものが、とても多かったと思うんです。実際に私は、そういう話を見たり聞いたりした後は、なんだか申し訳ない気持ちになって「必要以上に破壊することはよくないな」という思いを抱いて育ってきました。

でも、いろいろと学んでいくなかでわかってくることもあって。たとえば、野生のなかをサバイブしている生きものたちって、ヒトなんかと比べるととても強いわけです。力もあるし、野外環境のなかで温度の変化なんかにも耐えられたりする。それに、たとえ生息環境が劇的に破壊されたとしても、生き残るものは生き残っていけるし、死んでしまうものは死んでしまう。そんななかでも進化するものは進化していくんだと思うんです。そういうことを考えると、これまでに大量絶滅を5回経験している地球からしたら、人間がしている環境破壊の規模は、ひょっとしたらちっぽけなものかもしれないなあ……と、考えることもあって。さらに言えば、多くの人がなんとなく「正しい」と信じているであろう「いまある自然を維持すること」って、そもそも「いいこと」なのか？　という問いも、出てきたりします。たとえば、もし私たちが「自然環境」を維持できる技術を得たとして、そこには「その環境にもっとも適応している生物」が生き残っていくと考えられますよね。そうすると、おそらく何世代かを経て、その生物のコミュニティ自体は強く大きく成長していくポテンシャルがありますが、一方では、生物の種類や、遺伝的な多様性が減ってしまうのかもしれません。そうすると、もし、何らかの環境変化が起きたときには、彼らはみんなそろって絶滅してしまうリスクがあるんです。この状況って、「自然」や「生物」にとって、果たして、いいことなのか、わるいことなのか、どちらなんでしょう。でも、そうかといって「じゃあ、ガンガンに自然を破壊したり、環境を変化させてストレスを与えたほうがよいのか？」と言われると、それもなんだか違うような気もするわけです。

とはいえ、いろいろな考え方があるなかでも、現代社会においては、「環境問題への対策をしましょう」という風潮がそれなりに強くあります。でもその「解決するためのモチベーション」がどこにあるのかといったら、突き詰めていくと「（このまま放置すると）人間社会にとって不都合だから」っていうものが多かったりするんです。めちゃめちゃ嫌な言い方をすれば、ヒトは「自分たちの利益を最大化」するために、都合よく、一方では自然を破壊して、一方では自然を守ろうとしているわけです。もちろん私も人間社会のなかで文明に助けられて生きているので、その状況そのものを否定するつもりはないんですが、もしその「自分たちの利益のために、ある程度自然を利用したい」という気持ちと「必要以上の破壊はせずに守っていきたい」という双方を絶妙なバランスで両立していくことを望むなら、もっと「保全」とか「自然」とか「生態系」というものを、システム全体を見てしっかり理解しましょう！　という視点を持つ人がいてもいいように思えるのですが、そういうことを考えている人って、現状ではあまりいないんじゃないかな？　と思ったりします。

みんなで共通の答えを出すのはむずかしいことなんですが、個人的には、いまある自然環境は可能な限り維持できたらいいなと思っています。そして、人間社会と自然との間で、将来何が起きるのか、何か起きたときに私たち人間はどう行動すればよいのかを判断するためにも、まずは「いまの自然の有り様をしっかりと理解すること」につながる研究をしていきたいですね。この考え方に賛同してくれる人がどのくらいいるのかはわかりませんが、どうにか仲間を見つけて、今後もがんばりたいなって思います！

――趣味に「森歩き」とありましたが、森歩きの魅力を教えてください。

森って、ただ歩くだけなら、単に「歩きづらい場所」だと思うんです。でも、全体をぼーっと見て歩いて、森林浴するだけが森歩きの魅力ではなくて、私自身は、ディテールを意識することのおもしろさを伝えたいですね。どんな生きものが住んでいて、どんな色や形をしているのか。要は「観察」ですね。そして、そこにいた生きものが何者だったのか、あとで調べてみたりして。そうすると、自分のなかに知識が増えていきます。それを繰り返していくと、ぼーっと歩いていたころよりも、見える世界の解像度も増すし、楽しさが倍増するんです。どのような楽しさかというと……宝探しに似ているかもしれません。発見できたときに「おっ！」となって、テンションが上がります。体験してみたい方は、とりあえず、何かひとつだけでいいので、植物の名前を覚えておくといいかもしれません。なかでも「花が咲くもの」は、森でも街でも見つけやすいので、オススメです。ちなみに私が最初に覚えたのは「タチツボスミレ」です。葉っぱがハートみたいになっててかわいくて、いろいろなところに生えているので、見つけるたびにうれしくなれます。

ＳＮＳを活用するのも楽しくて、たとえば、生きものの写真を撮ってネットの海に流すと、名前を教えてくれるすごい人たちがいます。植物だけではなく、キノコに長けている人、昆虫に長けている人、鳥に長けている人など、精鋭のみなさんがいらっしゃるので、そういう方のアカウントを探してフォローしてみるのもアリだと思います。山や森や道ばたで見つけた何気ないものたちにもちゃんと名前があったんだ〜とあらためて気づかされたりします。ただ図鑑を眺めているよりも、やりとりがある分おもしろく感じるかもしれません。

あとは『ブラタモリ』などを視聴することで、森歩きや山歩きの疑似体験ができると思います。自然にめちゃめちゃ詳しい専門家と、好奇心旺盛なタモリさんが、ブラブラしながらいろんなことを教えてくれます。

もしこの段階まで興味を持てたのなら、実際に森歩きを体験してみるのがよいと思います。ですが、一人でいきなり自然のなかに行くのは危険なので、計画を立てる際には、そのような趣味を持っているような玄人の方々と同行するのがよいと思います。

もし周囲にそのような人がいない場合は、自然に関するいろいろな知識を教えてくれたり解説してくれたりするガイドさんが同行するツアーもあるので、そういうのに参加するのもいいんじゃないかと思います。もし楽しさに気づいてくれたのなら、いつか私とも一緒に行きましょうね！

――読者の方にオススメの本を紹介してくれませんか？

鈴木純 著『そんなふうに生きていたのね　まちの植物のせかい』（雷鳥社）

『山渓ハンディ図鑑1 野に咲く花』（山と渓谷社）

手軽さと内容でチョイスしました！　1つめは、街に生えている植物にフォーカスしていて、写真がいっぱいで、植物のどんなところに注目するとおもしろいのか、楽しみ方も併せて書いてある感じです。2つめは図鑑です。「野に咲く花」とタイトルにあるように、野原や田畑などに生える野草が解説されています。姉妹書に『山に咲く花』もあります。また、スマートフォンアプリもリリースされているので、お好みに合わせて！

第2章

暮らしのなかで

レジ袋有料化は環境にいいの？

レジ袋有料化は、もう10年くらいくすぶっていた議論。法の規制のもと、コンビニなどでも有料になったのは２０２０年7月からだが、イオンなど大手スーパーではもう何年も前から自主的に有料化していたと記憶している。

無駄なものを出さないのがいい、繰り返し使えるエコバッグがいいよね、という理屈は誰もが理解できるところだが、そもそもレジ袋有料化がどのように環境の役に立つのか、じつはこの10年あまりで議論が変化してきたのでまとめておきたい。

僕の記憶の範囲では、10年ほど前にスーパー各社が自主的にレジ袋有料化を進めた際は、二酸化炭素排出量削減というのが名目だったように思う。ところが近年は、マイクロプラスチックなどの海洋ごみ問題の緩和を前面に出してきたように思われる。

二酸化炭素の話でいうと、私たち日本人が出す二酸化炭素のうち、レジ袋が占める割合はごくごくわずかであり、自動車や飛行機などの乗り物が出す量の１％未満となる。勝手な邪推だが、名だたる大企業主体の自動車産業や航空運輸業をやり玉に挙げることがかなわなかったからではないかという憶測を禁じ得ない。

一方、海洋ごみの削減という問題を考えると、たしかにレジ袋はそれなりに大きな原因になっていると考えられる。二酸化炭素は無味無臭無色の気体なので、排出されてもいわゆる「ごみ問題」は引き起こさないんだけど（でも温暖化も、地球規模の「ごみ問題」と考えることができるかもしれない）、街角に捨てられたレジ袋はやがて劣化してボロボロになり、海に流れ出してしまうのである。というわけで、環境科学の専門家のはしくれとしては、海洋ごみ削減のためのレジ袋の有料化という措置は妥当だと考えている。

問題なのは周知の仕方であり、どうも市民は何のためにレジ袋が有料化されたのかあまり理解しておらず、ただその不便さに不満を抱いているような気がしている。Twitterのつぶやきを確認したところでも、レジ袋有料化に好意的な発言というのはあまり見られない。

レジ袋有料化が海をきれいにするという効果が観測されるにはしばらく時間がかかるだろうが、少なくとも現時点でも、何を目的としているのか、意識を共有する必要があると思う。そ

海沿いを旅していると、
こんな光景を目にすることがある。

の責任は、僕ら専門家、政府、そして小売業のみなさんで連帯して負うべきであると思っている。

なお、有料化と禁止は意味合いが異なる。レジ袋についての環境政策としては、有料化が妥当で穏便なやり方だと思う。エコバッグを持ち歩くのが面倒という人は、3円なり5円なり支払えば、これまでどおりにレジ袋を入手できる。それはまったく合法なことである。一方、エコバッグを持ち歩く生活習慣を身につけた人は、レジ袋を買わずに済む。今回の有料化でそういう人の割合が大きく増えたことだろう。このように人間の多様性を認めつつ、社会全体としていい方向に持っていくための手段が有料化なのだ。

有料化は何かを「減らす」のが目的で、禁止は何かを「ゼロ」にするのが目的となる。たとえお金を払ってでもこれまでどおりレジ袋を使いたい人は一定数存在するわけだから、有料化ではレジ袋消費量はゼロにはならない。それでも日本全国で考えればレジ袋消費量は減少するので、環境政策として有効なのである。

このような手法はさまざまな環境対策で使われている。たとえばエコカー減税。燃費のいい車は減税の特典を受けられるという政策だが、裏を返せば、燃費のわるいスポーツカーに乗っている人は相対的に高い税金を払うことになる。これをきっかけに、ライト層のスポーツカー愛好家はエコカーに乗り換えるかもしれない。しかし、筋金入りの愛好家は、いまも変わらずスポーツカーに乗り続けているかもしれない。それもまったく合法なことである。

このように、市民にチョイスを与え、市民が自由意思で選択する権利を確保する。そのうえで国全体として環境にいい方向に持っていくのが、「有料化」「補助金」「課税」など、お金を**インセンティブ**として用いる政策なのである。

ちなみに「禁止」が適切な対象もある。たとえばフロンガスの使用とか、特定外来生物の拡散とか。これらは、一部の人の行為が大きな環境負荷をおよぼすことなので、一律に禁止するのが有効だろう。

このように、僕らの日常生活に影響を与える環境政策の意味合いについて考えるのも、大事なことなんじゃないかと思う。

ちなみにこれは僕のエコバッグ。

ごはんの話

僕はたぶん味オンチだ。ものを食べて「おいしいな」と思うんだけど、どのような調理法やかくし味がその美味を生んでいるのか、あまりわからない。それどころか、いま食べているのが豚肉なのか鶏肉なのかすらわからないときもある。

仕事が忙しいときは、研究室でカップラーメンを食べながら、目を吊り上げてメールを書いたりするのも日常茶飯事だ。こんな僕であるが、ごはんを食べることは大好きなのだ。よく、年齢を重ねると食の好みが変わるとか、おふくろの味がわかるようになるとかいうことがある。自分のことを考えてみても、たしかにそう。菜っぱのおひたしとかタケノコの炊いたのとか、子どものころはあまり好まなかったものが好きになってきた。こういうのって、体調や体質の変化に影響を受けるとは思うんだけど、それだけじゃない気もしている。食べものについて学んだり、その食べものについてのものがたりを理解したりすることも、食べものの味わいに大きく影響するのではないかと思う。

僕はこれまでの半生、生態学や環境科学を学びながら暮らしてきた。環境問題という文脈で食べものが扱われることも多々あるので、そういう知識が食の好みに影響を与えているかもしれないのだ。

たとえば、食に関する「うしろめたさ」というのも、食べものの味を変えるかもしれない。本マグロ・サメ（フカヒレ）・ウナギなどは、世界中で珍重される美味な食材ではあるのだが、これらの漁業が持続可能じゃないこと、ある種の魚が絶滅危惧種に指定されたことなどを知ってしまったのちは、好んでは食べないようになった。僕が「ウナギのかば焼きはやめとこうよ。イワシのかば焼きもじゅうぶんおいしいよ」なんて言うときは、ケチなやつだと馬鹿にしないでいただきたいものである。

うん、もちろん本マグロのお寿司はすごくおいしいんだけど、うしろめたさを気にしながら食べるのはなんとなく落ち着かない。それならキハダマグロでもいいかな、となるのである。ちなみに、目かくしをして食べるブラインドテストをしたとしたら、僕は本マグロとキハダマグロの違いがわからない自信がある。味オンチでよかったのかもしれない。

人間が生きるということは、大なり小なり環境に負担をかけることであり、食もまたそうである。原始時代、狩猟採集の生活を送っていた我が祖先たちのころは、環境にかける負担は野生動物のそれと同じであった。ところが、農耕牧畜を覚えた人類は「生態系エンジニア」（14ページ参照）として環境を改造しはじめる。

たとえば、お米を食べるためには水田が必要で、そのために川をせき止め、ある場所を水びたしにしたりする。ビーバーがやっていることと同じだ。人間が快適に暮らすために環境を改変し、その生態系に対する影響はいろいろ発生する（ちなみに、人間の活動が悪だと言っているわけではない。人間の活動で恩恵を受ける生物だっているからだ。プラスとマイナスの両方のどちらの意味でも、人間は環境に影響を与えているのだ）。家畜を飼うことだってそうだ。ある場所を牧草地にするため定期的に火入れを行なって、若い樹木を焼き払うことで、人工的な草原をつくりだしたりする。

現代において、人間の食が環境に与える影響は大きくなってきている。顕著な例として肥料の使用があげられる。むかしの肥料といえば、たい肥とか、人や家畜の糞尿とか、干した小魚とか、自然界に存在するオーガニックな素材を使ったものだった。

作物にとって窒素は重要な栄養素だが、大気中の窒素を植物が利用可能な形に変える能力（これを窒素固定という）を持った生物はひと握り。たとえばマメ科の植物は、この特殊能力を持った微生物と共生関係にあるので、栄養に乏しい場所でも育つことができる。そこで人間は、荒れ地でレンゲソウなどマメ科の植物を育て、成長したら土壌と一緒にすき込むことで、その場所の栄養分を増やしたりしたものである。

ところが20世紀初頭、科学の進歩は農業に大きな変化をもたらした。生物を介さずに、大気中の窒素をいきなり固定する方法が確立されたのである。こうして窒素肥料は、工場でつくられることになった。

生態学で学ぶ概念に、**物質循環**というものがある。いわば生態系の家計簿みたいなもので、ある場所にどれだけの水や炭素や窒素がインプットされるか、それが生態系のなかを通ってやがて外に出ていくというアウトプットはどのくらいか、という収支を考える研究である。

物質循環の視点から考えると、人工肥料が使われだす前は、自然界でつくり出されるつつましやかな量の窒素を使って人間は農業をしていた。もちろん窒素固定を行なう植物を意図的に利用するなど涙ぐましい努力はしてきたのだが、窒素の総量という点では、人間は自然界の窒素循環にあまり影響を与えていなかった。

ところが、工場で窒素肥料がつくられるようになると、とにかく安く大量につくることが可能になった。人間はそれを田畑にガンガン投入し、単位面積あたりの収穫量は飛躍的に向上することになった。これはいわゆる「農業革命」の一因である。化学肥料はこのように人間に豊かな食料をもたらすことになった。実際、人体に存在する窒素原子の80%は、化学合成された窒素肥料で育てられた食物に由来しているとの研究もある（Howarth, R. W. Coastal nitrogen pollution: a review of sources and trends globally and regionally. *Harmful Algae* 8, 14-20. 2008.）。物質循環の視点から考えると、たくさんインプットされたものは、やがてアウトプットされることになる。こうして、田畑から流れ出す雨水には大量の窒素肥料が含まれるようになった。

自然界の生物たちも窒素肥料の恩恵にあずかれるのではないだろうか。素朴に考えるとそうだ。そして事実、窒素肥料のおこぼれによってガンガン成長する野生の生物も数多い（陸上だけでなく、窒素肥料の流れ込む海や湖に暮らす生きものも含まれる）。

しかし地球の面積は有限であり、地球に降り注ぐ太陽光線も一定量である。ならば、ある植物が豊かな窒素のおかげで成長するということは、その割を食って衰退する植物種も存在するということになる。このように、人間の活動からプラスの影響を受ける生物がいる一方で、マイナスの影響を受ける生物もいる。そして実際、ある種の生物は、絶滅が危惧されるまで個体数を減らすこともある。

僕らが食べものを食べるとき、それが生態系に与える影響も念頭に置きたいものである。

しかし僕は、オーガニックなものしか食べないというわけではない。動物がかわいそうでベジタリアンになる人もいれば、動物が好きでも肉や魚を食べる人もいる。環境問題を意識してオーガニックなものを食べる人もいれば、同じオーガニックでも自分の健康のためという理由の人もいる。

いろんな信条を持つ人がいるので、他人のことをとやかく言いたくはないし、僕は自分のやり方を人に押し付けるつもりはない。ただ、人間は環境に影響を与えているという意識は持っていてほしいなと思うのである。

近年、食にまつわる環境負荷で大きいのは、輸送コストである。化石燃料を燃やして走る乗り物が普及する前、人びとは地元でとれる食べものを食べていた。遠くから別の食べものを運んでこられないから、あたりまえのことである。ところが現代は、トラックや貨物列車、輸送船とかが発達し、遠くから食べものを運んでくることが可能になった。

たとえば、広大なアメリカ大陸で小麦・大豆・トウモロコシなどを生産して日本に運んでくれば、輸送コストを差し引いても、コスパのいい食材提供が可能になる。適地適作と大量輸送は、効率という一面から評価すれば、まことにけっこうなことなのだ。しかしその一方で、食べものを運ぶために多くの化石燃料が消費され、地球温暖化が進むことになる。その量は決して馬鹿にならないものだ。

人間が食べる食材の量は同じでも、それが近くで生産されたか、遠くから運ばれてきたかで、環境負荷は大きく変わる。かくして近年、地産地消のメリットが訴えられ、環境負荷がフードマイレージという基準で定量化されるにいたったのである。

このように考えると、地元でとれたオーガニックな食材を食べるのがもっとも環境負荷が低いということになる。ところが僕らは弱い人間であり、良心の呵責を感じることはあったとしても、夜中におなかがすいたら、おもむろにアメリカ産トウモロコシのスナック菓子を食べたりしてしまうのだ（トルティーヤチップスにサルサソースをつけて食べることのすばらしさは、僕がアメリカで学んだ大事なことのひとつである）。

熊本県の天草諸島を旅していたときのこと。ひとりでふらりと立ち寄った居酒屋さんは、とってもすばらしい場所であった。天草は、九州本土と橋でつながったいくつかの比較的大きな島々で構成されている。それぞれの島と集落で文化や環境が微妙に異なり、それがまたこの場所の魅力を増しているように思う。そしてこの居酒屋さんは、天草の「〇〇集落でとれた野菜」「〇〇漁港でとれたお魚」というふうに、とても具体的な産地の表示をしていたのである。

このように、消費者にチョイスを与えることはすばらしい。あるときはフードマイレージが最小かつもっとも新鮮であろう近くの食材を選ぶことが可能。またあるときは、天草内の多彩な食材を食べ比べすることも可能なのである。

僕はその夜、「そういえばさっきこの集落を通りかかったなあ」などと考えながら料理を味わった。もちろん素材も料理人の腕もすばらしかったんだけど、食材が自分の口に入るまでの背景を考えることも、僕に大きな満足感をもたらしたのである（なんせ味オンチで頭でっかちな学者だから仕方ない）。

旅先で地元の名産品や旬の食べものを味わうのは、かけがえのないすばらしい体験であるとともに、学んでいる生態学や環境科学が自分の暮らしにどうかかわるか実感する機会でもある。僕は生きているかぎり毎日が研究だと思うのである。

僕らの行動とトレードオフ

ある夏の、青天の正午ごろ、お昼ごはんを海鮮丼にするか、刺身定食にするか、僕は選択を迫られながら海を眺めていた。

選択が必要なのはお昼ごはんだけじゃない。深夜にポテチを食べるべきか、がまんすべきか。あの人にこの気持ちを伝えるべきか否か。どこに住んでどんな仕事をするか。思えば僕らの人生は、大小さまざまな選択の連続であるといえる。

2つの選択肢が存在する場合、どちらを選んでもそれぞれの長所短所がある。どちらかを選ぶということは、もう一方を捨てるということ。だから僕らは、ときに真剣に悩む。商品価格・味わい・カロリー・気温・その後の予定などを総合的に勘案し、昼ごはんの選択を考えるのだ。

このような**トレードオフ**（16ページ参照）は、僕ら人間だけじゃな

く、ほかの生きものたちも体験している。生きものたちの毎日も選択の連続だ。サバンナで生きるチーターは、どの種類の獲物を襲うか、その獲物の群れのなかでどの個体を狙うか、選択しなければならない。その選択の優劣は、たぶん僕のお昼ごはんの選択よりもシビアに自分に返ってくる。

現代に生きる僕らがする日々の選択は、僕らの生死に直結することはあまりない（食べすぎは将来の生活習慣病の遠因になるかもしれないが……）。しかし野生のチーターは、どの獲物を狙うかの判断ミスが生死に直結することも多々あるだろう。

人間と違って、銀行預金とか冷凍食品とかの備蓄を持てないチーターは、日々の食べものをしっかりゲットしなくてはならないからだ。大人のチーターは数日間の飢えに耐えられるとしても、エサをもらえなければすぐに死んでしまう子どもを抱えている場合、狩りの失敗は自分の遺伝子を後世につなげない危機に直結するのである。

僕ら人間もその他の生物も、何かを判断し、その結果は自分に返ってくる。野生動物の場合、結果は「**適応度**」という基準で評

アメリカ時代の典型的なランチである。
サラダとスープと聞くとヘルシーな気もするが、
とにかく量が多い。

価される。これはとてもシンプルかつ厳格な評価基準だ。すなわち、どれだけ首尾よく自分の遺伝子を残せるかどうかが適応度である。生きものに選択肢がある場合、適応度が高いほうを選ぶ遺伝子が自然淘汰で残り、次世代で自分のコピーを増やしていくのである。

もちろん、生きものの「判断」は、人間のそれとはちょっと違う。人間は知性で判断することが多いが、ほかの動物たちは本能にプログラムされたとおりに行動することが多い。彼らは、何かの刺激を受けたときにどういう行動をするかプログラムされているのだ。そしてそのプログラムには、同じ種でも個体差がある。

たとえば、動くものにはなんでも食いつきがちな特徴を持ったスズキと、臆病であまり食いつかないスズキがいたとする。ルアーを持った釣り人が頻繁に出没する場所で暮らす場合、後者のスズキの適応度が高くなる。だが、釣り人がほとんどやってこない無人島のまわりで暮らす場合は、前者が有利になるだろう。

しかしスズキにも知性がないわけじゃない。いちどルアーに食いついて痛い目に遭ったけれど、なんとか命だけは助かった、みたいな経験をした個体は、なかなかルアーに食いつかなくなる。釣り人はこれを、「この港のスズキはすれているね」なんて表現するのである。

逆に、人間だって、いつでも知性と理性にもとづいた行動をしているわけじゃない。「ついカッとなって」取り返しのつかない行動をするという選択肢をとる人の事例は、毎日ニュースをにぎわせている。そして、同じ状況におかれても、感情をうまく抑えられる人と抑えられない人がいる。そういう意味では、人間も動物もあまり違いはない。

人間も動物も、本能と知性の両方をフル活用しながら何かを選択するというゲームを永遠に続けているのである。そのゲームの成果は適応度で評価される。遺伝子に組み込まれている本能的な反応は変えられないが、学習の結果身につける知識は本人の努力次第で大きく変わり、それは本人の知性をかたちづくるのである。

この文章の着地点として「やっぱり勉強は大事だね」というと、学生向けの無難なコメントになってしまうのだが、やっぱりこれを書いておく。みんなそれぞれ、文学が好き、生物が好き、芸術が好きなど、好みの学問があるだろう。もしかしたらその好みは本能的に持って生まれたものなのかもしれない。だ

から苦手なことに苦痛を感じながら勉強し続けることはお勧めしないけれど、好きなことならとことんやってみるのもいいんじゃないかと思うのである。芸は身を助ける、ということわざどおり、いつか何かの判断の役に立つかもしれないのだ。

生態学者のヒトリゴト

学者の自意識

学者という生きものは、世界初の発見をすることに価値を見出す。誰かの二番煎じではなく、まったく新しい研究をすること。これがもっともかっこいい学者の生きざまだ。研究の新規性（新奇性と書くこともある）が重要で、これが研究の評価につながる。だから本質的に、学者はクリエイターである。

しかし、学者の研究には職人的な仕事も多く伴っている。決められた手順に沿って効率的かつ正確に作業をこなすという職人作業。実験室で毎日同じ作業を何か月も繰り返し、コンタミ（あるべきでない薬品や微生物などで実験対象を汚してしまうこと）を起こさずにデータを出すのが不可欠なことも多々ある。

学者の研究活動の、たぶん9割以上の時間は、こういう職人的な単純作業に割かれているのだが、それを繰り返す動機になるのは、「自分は人と違う新しいことをやっている」という信念である。職人的な単純作業を続ける動機は、人と違うことをやりたいからなのだ。どうもややこしい人種である。

ともあれ、学者にとって新規性はとても重要なので、彼らは秘密保持にも気を使う。誰かにアイデアとかデータとかを取られてしまっては元も子もないからだ。そして、いい研究を論文として発表しようと、常に焦っている。ホットな研究テーマには、世界中の多くの学者が同時期に取り組んでいるので、とにかくライバルより早く論文を発表しなければならない。1日でも遅れると、世界初の発見者という名誉と実利を失ってしまうからだ。こんなわけで、学者はタダの職人ではない。「自分の研究は唯一無二だ」と思えなくなれば、第一線の研究はできなくなってしまう。こういう厳しい世界なのである。

ところが、人は弱いもので、特別じゃないものを特別だと思い込む傾向も存在する。常にそのような思い込みとたたかい続けなければならないのである。英語圏の学者の世界には「don't fall in love with your idea」という格言がある。自分のアイデアを特別なものと思い込んでしまうと、客観性を見失うことがあるのだ。そう、学者の研究は、ただのアイデアコンテストではない。アイデアは浮かんだ時点ではただの仮説にすぎない。その仮説を証明するためには客観性が重要で、思い込みが強すぎると、事実誤認や恣意的な研究という弊害を生んでしまうのである。

天衣無縫なアイデアマンであり、単純作業の繰り返しをいとわない職人であり、冷静に感情を無にして客観的に事実を分析する法律家である。学者とはこのように、相反する個性をひとりで何役も兼ねなければならないのである。ちなみに、研究費を獲得し組織を運営するためのビジネスマンの才能も必要になるのが現代の大学や研究所の環境である。こころ休まる暇がまったくないではないか！

とまあ、これらすべての特性を高次元で保持している人が実在するとしたら、それはまさしくスーパーマンなのだが、僕は個人的には、学者は特別「偉い」特権階級であるとは思わない。だって、学者が考えていることって、そんなに特別なものじゃないんだもの。

自然とは何なん？

人間って何なん？

結局は僕らが幼児のころから抱くこういう疑問を、学問というツールで考えるのが学者なのだ。これらについて考えるのは、学者の専売特許というわけじゃない。いろんな立場の人がいろんな方法で考えている。考えた結果、画家はそれを絵筆で表現する。音楽家は楽器で、文筆家はペンで表現する。みんなそれぞれのツールを扱うことの専門家ではあるのだが、結局みんな同じようなテーマからスタートしているんだと思う。

こんなふうに思っているからだろうか、僕には美術家の友人知人が多い。画家・彫刻家・

写真家など、いろんな美術家と仲良くさせてもらっている。彼らと一緒に行動し、自然や人間に触れたとき、僕は学者として考え、彼らは美術家として考える。それを率直に語り合うことでお互いに刺激を受ける。僕は生物学者として世界を説明しようとし、彼らは別の解釈や視点をもたらしてくれる。こうした異種交流がお互いの専門の助けとなる。もしかしたら彼らにはうざがられているのかもしれないが、僕のほうは大いに本気なのである。

さて、現代美術という言葉、読者のみなさんにはなじみ深いだろうか。美術というと中学校や高校の科目のことを思い出す人が多いかもしれない。学校の美術の授業は、決められたテーマで作品をつくるという職人的な教育が主である。美術とはその言葉のとおり「美しい作品をつくる技術」と考えられることが多い。しかし現代美術は、こういう定義からかけ離れていることが多々ある。

現代美術とは、なんらかの視覚的インパクトによって、制作者のメッセージを鑑賞者に伝えるものである。それは必ずしもうつくしくある必要はない。まずは美術家が何かを考えることが第一で、それを伝えるための手段として美術があるのだ。現代美術の作家になるには思想を持つことが必要条件であり、うつくしいものをつくる技術は十分条件なのである（興味のある方は、現代美術家を対象とした「岡本太郎賞」の受賞作品をご覧になってみてほしい。うつくしいとか技術がすぐれているとかじゃなくて、こころのなかで煮えたぎるメッセージが大事だってわかっていただけるかもしれない)。

私見だが、学校の美術では、絵の具の塗り方などの技術だけじゃなく、対象物をどう観察し、感じたことをどのように他者と分かち合うかについても、もっと時間を取って教育すべきだと思う。思想なしで技術を教えるというのは、あたかも小学校の国語を教えずに書道だけを教えるようなものだ。もちろん書道という技術から逆に国語に興味を持つということもないわけではないが、書道は国語教育の必要条件というわけではない(ちなみに近代以前の日本には、書道の達人は人格も知識も思想もすばらしいという考え方があった。美術でも書道でも、技術を修行すれば、中身はあとからついてくるという教育が日本文化に根付いているのかもしれない)。字がヘタな作家なんていくらでもいるわけだし。というわけで、絵がヘタな現代美術家というのもふつうにたくさん存在するのである。

学者の研究は、観察して仮説を立てることからはじまる。美術家たちも、まずは対象を観察して、表現すべき何かを感じ取る。学者と美術家の仕事はどこか似ている。そしてそのむかし、学問と美術に垣根はあまりなかった。レオナルド・ダ・ヴィンチやパスカルなど、理系・文系・芸術系などの垣根を超えて活躍する人たちも多かった。現代においてそれはむずかしいかもしれないが、心意気においてはそうあるべきだと思っている。美術は受験に関係ない科目だからと、先生も学生もおろそかにしがちかもしれないけど、じつは美術は、根源をサイエンスと共有しているように思う。日本の科学を発展させるためには、じつは美術教育が重要だ！　なんてことも、わりとまじめに思うのである。

第3章

文化に触れて

琳派の描く植物

美術館というもののおもしろさを、むかしはわからなかった。静かで厳かな独特の空気と、うっかりさわってこわしたらヤバそうな高価な作品たち。気取った男女がしたり顔で鑑賞し批評している。彼らはほんとうにこんな空間を楽しみ、置かれている作品を理解し感動しているんだろうか。小学生でも描けるような絵を観て、わかったふりをしているだけなんじゃないだろうか。当時の僕は美術について無理解だったから、僕以外の人間もみんなわかっていないに違いない、と思い込んでいたのだった。しかしそれは、とんだ思い違いだった。

僕は1998年から2008年まで、ほぼずっとアメリカで暮らしていた。博士を取って就職を考えるとき、アメリカに残る手もあったんだけど、僕は日本に帰ることを選んだ。アメリカはたしかにすごい国で、観察対象の自然も、それについて語り合う研究仲間も、それをサポートする体制もすばらしいものだったが、その一方で競争は苛烈だった。博士を取ること自体になかば燃え尽きていた僕は、それ以上のプレッシャーに耐えられる状態ではなく、懐かしい生まれ故郷に戻りたくなっていた。

文化の違いも大きかった。なんでもスケールがでかく大ざっぱなアメリカの文化。たしかに効率的ではあるんだけど、大量生産・大量消費の社会になじめないとも感じていた。日本の繊細な空気を欲するようになっていたのである。

日本に戻ってからは、失われた10年を取り戻すかのように、日本文化にどっぷりとつかるようになった。当時の職場であった海洋研究開発機構からは山をひとつ越えたら鎌倉なので、毎週末、原付バイクを駆っていろんなお寺に出かけたものだ。日本文化にとりつかれた僕の熱意は、まさに日本を旅する外国人みたいだった。久しぶりに出合う日本文化は、とんでもなくエキゾチックで魅力的だったのだ。茶道を習ったのもこのころだった。

そんなときに偶然目にしたのが、東京国立博物館で開催される「大琳派展」の広告だった。毎週末のお寺通いで伝統的な襖絵・屏風絵のたぐいを目にすることも多々あり、日本画を鑑賞する感覚が自然と養われていたのだろう、ポスターに描かれた俵屋宗達（たわらやそうたつ）の風神雷神図屏風を目にして「これは行かねば」と思い立ったのである。

現地はすごい人込みだったが、生で目にする美術作品はすごかった。金銀箔を背景に多用した屏風絵は、ほんの10センチ立ち位置が変わるだけで色味が変化する。さらに、屏風はジグザグ状に配置する立体作品だから、必然的に絵画を斜めから観ることになる。これも鑑賞者の立ち位置が大きく影響する要因であり、テレビや雑誌じゃなく実物を観なければ体験できないものだった。

こうして僕の美術アレルギーは吹き飛んだ。いちど好きになるとしつこくのめりこむのが僕の性質であり、その後の視点や考え方に美術の要素が色濃く反映されることになったのである。

さて、「琳派」という日本画の流れは、「私淑（ししゅく）」という方法で思想や画題・技法が受け継がれたことに特色がある。土佐派・狩野派といった日本画の流派は、そのほかの日本の伝統文化と同じく、師匠から弟子という流れで継承され発展するものなのだが、琳派は違う。俵屋宗達という絵師の作品を、その約100年後に尾形光琳（おがたこうりん）という人が観て感動し、勝手に「こころのなかで弟子入り」して、強く影響を受けて作品を残した。そしてそのまた100年後、今度は酒井抱一（ほういつ）が先人たちを「再発見」し、強い影響を受けた作品を制作したのである。このように自発的に影響を受けるのが私淑の特徴であり、師匠が弟子をスパルタで教育するような環境では生まれないような自由な雰囲気を感じる。

琳派の特徴のひとつは、植物に対する目線だと思う。俵屋宗達や尾形光琳は、植物を簡略化して単純なイラストのように様式化するのが得意だった。同じパターンが連続する壁紙のように、彼らの作品にはハンコで押したような植物の葉っぱや花の形が登場する。

生物学の立場から観ると、彼らがやったことは「モデル化」であり、現代の科学者の研究とよく似た行為だったと思う。植物の体は、同じ形態・機能を持つ単位であるモジュール（構成要素）でできている。葉っぱや花などがひとつのモジュールだ。動物の体だってモジュールでできているのだが、植物ならではの特徴がある。それは、環境に応じてモジュールの数を加減できること。動物にどんなに栄養たっぷりのごはんをあげても、うちの4本足の飼い犬の足が6本になることはない。しかし、庭の桜の木に肥料をあげて適切に世話をすると、翌年きれいな花をたくさん咲かせるのである。モジュールの設計図である遺伝子は、各モジュールにつき1セットあるだけでよい。1個のハンコをぺたぺた押せば何十何百という画像ができるのと同じように、植物はモジュールを大量複製する能力を持っている。

だから結果として、尾形光琳の燕子花（かきつばた）図屛風のように、同じパターンが連続するという光景を、自然界で頻繁に目にする。琳派の作品は一見すると雑で手抜きなようで、しかしよくよく観ると、こころにグッとくる。それは、自然界は意外と単純なモジュールの羅列であるという真理に迫ることができているからかもしれない。

「大琳派展」で特に印象に残ったのは、酒井抱一の作品である。彼は大名家に生まれたおぼっちゃま・お金持ち・遊び人であると同時に、優れた絵描きであり、自然観察者だった。

彼の代表作「夏秋草図屏風」は、風雨にもてあそばれる野生の草花を題材としている。ふだんは見向きもされないそこらの雑草も必死で生きていて、気まぐれなお天気がもたらす嵐に耐えている。そんな様子を彼は眺め、素直にうつくしいと感じる。

どこにでもあるんだけれど、毎日を忙しく暮らしていると見過ごしがちなうつくしさ。ここに着目できる酒井抱一に僕は憧れ、共感するのである。そしてそれが、自然界の真理を見つめる生態学者の目のツケドコロであるべきだと思う。

酒井抱一は、彼の憧れの人物である尾形光琳の風神雷神図屏風の裏に、夏秋草図屏風を描いた。表面の雷神が夏草を濡らす雨を降らし、風神は枯れゆく秋草を揺さぶる風を起こすのである。ミュージシャンならアンサーソングのようなもので、江戸時代の芸術家たちのこころ憎い演出が深くしみいるのである。

人間を翻弄する疑陽性

僕らはときに、「思ってたんと違う」と感じる現象に出くわすことがある。脳みそのいたずらというやつだ。錯視はそのひとつ。目に映ったものを脳が処理する際に、現実をゆがめて理解してしまう。これは、生物としてはそれなりに意味があるもの。たとえば下の図。同じ図を上下反転して貼り付けただけなんだけど、左側は出っ張っているように、右側はくぼんでいるように見えるだろう。

人間の脳がこう解釈するのには理由があって、自然環境ではふつう、光は上から差してくる。すると、光のあたり方と影のでき方を脳で処理することで、その物体が出っ張っているのか、くぼんでいるのかを推定することが可能になる。そのような三次元構造を推定できれば、物体までの距離の把握なども可能になり、なにかと人間の役に立つ。これが、脳がこのようなおせっかいな解釈をする理由である。

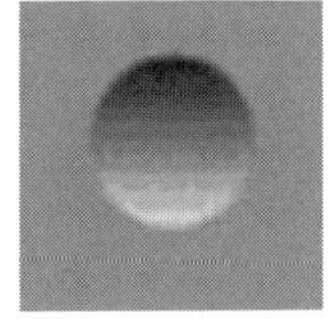

出典 Kleffner, D. A., & Ramachandran, V. S. (1992). On the perception of shape from shading. Perception & Psychophysics, 52, 18-36. http://www.psycho.hes.kyushu-u.ac.jp/~mitsudo/illusion/illusion.html より改変

脳みそのおせっかいな解釈は、たいていの場合、僕ら人間の役に立つようにできている。もし人間にとってデメリットの多い解釈ならば、それは進化の過程で淘汰されて消えているはずだから。しかし脳のはたらきはいつでも万能というわけではない。メリットとデメリットの両方があり、前者が後者を上回っているというだけのこと。デメリットが存在することもまた事実なのだ。

たとえば僕ら人間は、なんでも擬人化してしまう傾向を持っている。たとえば自動車。街を走っているすべての車に、何らかの顔があるように思えてしまう。単に顔があるというだけではない。かっこいい・いかつい・かわいい・おもしろいみたいに、その車を擬人化して、人間が持つ属性を付与してしまうのである。そして車のデザイナーも、人間が車を「顔」と見なすことを理解したうえで、与えてやりたいキャラクターを設定しているのである。

ちなみに、自動車は「二つ目」なので擬人化がたやすいが、バイクは「一つ目」のことが多いので、顔を感じてしまうことは少ないように思われる。なぜ人間は、「二つ目」の存在を顔と見なしてしまうんだろうか。原始時代、相手が獲物であるシカだとしたら、草むらのなかでシカの顔を認識することは、原始人にとってメリットがあるはずだ。逆に、相手が僕らを捕食しようとしているトラだったら、密林のなかで相手に気づくことで命が助かることもあっただろう。野生動物だけじゃなく、抗争している隣の部族の戦士だったら？やはり相手の顔を認識することは重要だ。さらには、相手の表情を読み取ることも大事になる。こちらを威嚇しているのか、それとも好意を示しているのか。それを的確に推定できるのは、人間にとってプラスになる。

そんなわけで、人間は顔にすごく敏感だ。顔を敏感に意識するという人間の性質にはメリットが多いが、その副作用として、顔じゃないものを顔と思ってしまう。これを疑陽性という。目で見たものに脳みそがだまされているというわけだ。

自然物が人間的な人格を持つように感じてしまうのも疑陽性の一種といえるだろう。たとえば、動物の擬人化は、古くは鳥獣戯画の時代から存在する。さらには、特に日本人は、自然物である岩とか樹木とか、山とか川とかを人格があるものと見なし、彼らのご機嫌を取るための儀式を行なってきた。

これこそが宗教の原形であるアニミズムだ。災害が発生すると神さまが怒ったのではないかと考え、なだめるために儀式を執り行なったりする。このように、超自然の存在を介した因果性を想像してしまうのも人間の特徴である。

本来、自然災害の発生に対して人間は無力なのだが、なんらかのはたらきかけでそれを回避できると思ってしまうのだ。それには、人間とコミュニケーション可能な人格的存在が自然災害をもたらしているという前提が必要になる。これもやはり自然の擬人化という疑陽性の一例だと思う。

ちなみに、現象になんらかの因果性を求めてしまうのは、別に人間だけにかぎらない。たとえばハトも、宗教っぽいものをかたちづくってしまったという研究例があるそうだ。

ハトが入った鳥カゴにボタンを設置し、電子回路を接続する。ボタンが押されたとき、ランダムに一定の確率でエサが出てくるように設定する。ハトがボタンを押したとき、あるときはエサが出てきて、あるときは出てこない。実際のところエサが出てくる確率は完全ランダムであり、ハトが操作できるものではないのだが、ハトは自分の行動と何らかの因果を持っていると思うらしい。ボタンを押す際に、羽根をバタバタさせるなどの「儀式」を執り行なうようになったとのことだ。

たまたま羽根をバタバタさせたときにエサが出てきたことがあった。その後試しにやってみたら、偶然またエサが出てきた。そんなことが2～3回続くだけで、ハトは何らかの法則性を見いだしてしまうらしい。でも実際は、ハトの羽ばたきには何の意味もない。しかし哀れなハトは、何度か羽ばたきながら押してもエサが出てこないときは、羽ばたきが足りないとばかりに、いっそう強く羽ばたいてみせるらしいのである。

これは笑い話ではない。実際には存在しない因果に翻弄される人間が多いのも事実である。「神さまにお願いしたら願いがかなう」という因果関係を信じて、神社に参拝する人は多い。しかし当然、願いがかなわないこともある。そんなとき、自分の信仰が足りなかったのではないかとばかりに、なお一層熱烈に祈り、またお布施を増額したりする。それはもしかしたら、ハトと同じ行動をとっているのかもしれない。日本各地に残るお百度参りなどの風習は、それを如実に表しているように思えてしまう。

僕は宗教を批判しているわけではなく、宗教心を否定しているわけでもない。ただ、おせっかいな脳みそは宗教を生んでしまうということを伝えたいだけである。ちなみに高名な生物学者のドーキンスは「宗教は間違いであり有害である」と宣言してはばからないが、僕のスタンスはちょっと違う。たとえ神さまがいないとしても、人間は神さま的な何かを信じるようにできちゃっているので、宗教にはそれなりに価値があると思っている。だから僕は京都じゅうの仏像拝観にせっせと出かけている、ちょっと風変わりな科学者なのである。

人間の脳がもたらす疑陽性。ときには人間を助け、ときにはその副作用が人間を翻弄する。これもまた生命現象なのだ。

京都のおもしろさ

これまでの人生、わりといろんな場所を旅したり、いろんな街に住んだりしてきたけれど、結局世界でいちばん気に入っている街は京都かもしれない。歴史遺産とか文化とか、僕がこの街を愛する理由はいろいろある。

そして、よく考えてみると、京都の文化の背景には、京都の自然環境が垣間見えるような気がしてならない。特に、ガスコンロとかトラックとかエアコンとか便利な文明の産物がなかったむかしは、京都の人びとの暮らしは周囲の自然環境からダイレクトな影響を受けてきたことだろう。思えば、人間も生物であり、その生物が気に入ってすみかに選び、長年そこに住み続けるというのは、なんらかの生態学的理由があるともいえる。

こんな感じで学者っぽく書き出してみたが、これは僕が抱く京都への偏愛の発露なのかもしれない。どうかお許しのうえ、し

ばしお付き合いいただけるとありがたい。

さて、文明の発達してなかったむかしの日本で、京都が1000年以上も都として機能してきたのにはそれなりの理由があるはずだ。古代、日本の首都つまり天皇のおわす場所は、わりとひんぱんに引っ越ししていた。奈良県・大阪府・京都府・滋賀県など、近畿一円のさまざまな場所に都がおかれたが、それらは長くても数十年しか持続しなかった。なのに、京都は1000年以上も都であったのである。源平の合戦や応仁の乱など、京都が荒廃することは多々あったが、それでも天皇・貴族や市井（しせい）の人びとは京都に住み続けたのである。

たとえば水や燃料の供給という意味で、山と森が近いというのはとても有利な立地条件である。三方を山に囲まれた京都はこじんまりした街であり、どこにいてもキョロキョロ見渡せば、どこかの山が視界に入るものだ。この点で、東京などの大都会とは雰囲気が違う。森に降った雨の一部は川に流れ、また一部は伏流水（地下水）となり、湧き水や井戸水として人びとの暮らしを支える。人びとは清冽な湧き水が流れ出す場所を神社に定めて守り敬う。たとえば、下鴨神社はいまも市民にとって特別な場所だ。暑いさかりに開催される御手洗祭(みたらし)では、人びとは無病息災を祈りつつ境内の冷たい湧き水に足をひたす。うだるような京都の暑さからは想像もつかないほど水は冷たい。この場所の特別さを実感できる瞬間だ。このように豊かで安定した水の供給があるのも、近くに森があるからだといえる。
森が近いということは、炊事に不可欠な薪や炭の供給という点でも有利である。石油・ガス・電気がなかった時代、ごはんを炊くにも燃料が必要だ。徒歩圏内に山林があるという条件はとても有利だったことだろう。

京都の人びとは、京都ならではの環境条件に成立する自然を楽しんできた。たとえば苔庭がある。これは、わりと高温多湿で風の弱い盆地ならではの文化かもしれない。京都に住んでみたらわかるけれど、道端のアスファルトのすき間など、ちょっとしたスペースにコケが生えている場面に出くわすことが多々ある。これは、横浜や神戸などカラッとした海風が吹く場所ではあまり出合わない光景だ。京都は、まずはコケが育ちやすい自然環境を持っているのである。

さらに、苔庭の成立には文化とのかかわりが必須だった。コケは地味ながらもなかなかわがままな存在で、適度な湿気と適度な日光がなければ育たない。人手の入らない原生林は苔庭のようにはならない。木々の落ち葉が降り積もり、コケを覆い隠してしまうからだ。日光が当たりすぎるとコケは乾燥して死んでしまうが、当たらなすぎても光合成できずに死んでしまう。そんなわがままなコケにとって理想的な場所は、修行僧が毎日掃除を行なうお寺の庭になる。枯れ葉をたんねんに掃除する修行僧のおかげで、コケは適度な日光を浴びられる。まばらに生えた庭木や建物が、コケに適度な日陰をつくる。

禅宗のはじまった中国でも、修行僧たちは熱心に掃除をしているはずだけど、彼の地は比較的乾いていて、地面にコケが生えることはあまりないように思われる。こう考えると、苔庭というのは中国発祥の宗教様式と京都の風土が合わさった結果として生まれた、おもしろいものなのである。中国帰りの僧侶たちは、コケを生やす意図がないまま庭掃除をしていたのだろうが、京都ではその行為がコケを招くことになった。それを積極的に利用して苔庭として愛でることにした京都の人びとの臨機応変ぶりを想像するのもまたおもしろい。

幕末から明治にかけて、西洋の文化が流入してきた。西洋風の建物を建てて西洋風の庭園を愛でることがハイカラなものとして注目されることとなった。かくして京都に別荘をかまえることになった山縣有朋だが、最初は芝生の庭をつくりたかったとのことだ。それは横浜山手の洋館街のような風通しのいい場所なら成立したかもしれないが、東山山麓の湿った場所ではなかなかうまくいかない。芝生は思うように成長せず、気づくと地面はコケに覆われていくのである。それを見た山縣は悟った。無理に風土に合わない植物を育てようとするのはよくない。この場所に合った植物を、ありのままに愛でるのがいちばんだ。

かくしてこの庭は自然に繁茂していくコケによって覆われていき、風情のある場所になった。この物件を管理する庭師たちは、この場所に誇りをいだき、落ち葉や枯れ枝をていねいに掃除して、すてきな苔庭が誕生することになった。現在この庭園は京都市の所有になり、無鄰菴(むりんあん)庭園として一般に公開されている。

京都の風土はまた、「もののあわれ」という感覚を養うこともあったと思う。春の花もやがて散る。秋の紅葉もやがて散る。時

間の流れが植物を変化させていくその事実と一抹の寂しさにしみじみと感じ入ることが、京都ではよくある気がする。なんとなく寂しいけど、なんとなく落ち着くなあという不思議な感覚。京都に寺院は数々あれど、僕が気になるのは隠遁生活が送られた場所である。たとえば平安末期の源平の時代にちなむ寺として、嵯峨野の祇王寺（ぎおうじ）と、大原の寂光院（じゃっこういん）がある。どちらも、つかの間の栄華ののちの没落という、時間の流れに翻弄された女性にゆかりある寺院だ。

僕はどちらの寺も大好きで、何度も訪れている。わざとその場所を選んだかのように、狭い谷の奥に位置している。もっと広い平野部に寺をおくこともできただろうに、わざわざ谷の奥に引っ込むというメンタリティが興味深い。こころに傷を負った彼女たちは、このような場所で自分をいやしていたのかもしれない。隠遁生活は単純にみじめというわけではなくて、あえて選んだ狭い土地の狭い場所だからこそ、ポジティブになれるのではないだろうか。京都の山あいには、隠遁におあつらえ向きの場所が多々あって、人に逃げ場を供給しているような気が

する。

生態学的な表現をすれば、京都には多くのニッチ（生態学では、ある生物が生きられる環境条件のことを表す。たとえばアフリカの熱帯雨林には、ゴリラ向けのニッチはあるが、ペンギン向けのニッチはないだろう。そして人間にとっても、暮らしやすい・暮らしにくいというニッチは存在しているように思える）がある。我が世の春を謳歌する権力者のための場所も、世捨て人のための場所もある。それはなんとなく現代にも受け継がれているような気もする。京都には、「かっこいい」とか「すてき」とかの基準が複数あり、互いに共存していると僕は思う。お金はあまりなくても、何かを究めるみたいな生き方が許され、ある程度の共感が得られるというのも、京都のふところの深さであり、僕のような者でも呼吸するのが許されているように感じられるのだ。

京都の人は「ほんま観光客が多くて困るわ」なんて言うけれど、それには「人気者はつらいよ」的な、ちょっとだけ誇らしい気持ちも含まれているように思う。京都市民になってまだ10

年も経たないけれど、僕にもそんな気持ちが芽生えてきている。日本の人も外国の人も、さかんに京都観光に訪れる。そんな彼らにも、京都という自然環境が文化を生んだことを、肌でふれて理解してもらいたいと思ったりする。多くの人が京都を気に入ると、なぜか僕が褒められたような気になってしまうのである。

インタビュー◎2

憧れの地理学者になってわかったこと

人間活動がおよぼす自然への影響

芝田篤紀（しばたあつき）
京都大学 学際融合教育研究推進センター 森里海連環学教育研究ユニット 研究員。同大学大学院 文学研究科 行動文化学専攻 地理学専修 博士課程修了。博士（文学）。2020年より現職。専門は自然地理学で、地域の地形・植生・生業の相互作用性とその影響を定量的に解明することに主軸を置いている。現在は海岸や河川の地形・植生と海洋ごみ集積との関係の解明に挑戦中。趣味は食べ歩き、飲み歩き、海外・国内旅行、博物館・美術館巡り。

筆者と違う視点から人と自然の関係を考えている芝田さん。日本のみならずアフリカでの研究経験から考える、これからの人間社会と自然環境のつながりについて、お話を聞いてみました。

——現在どんな研究をされていますか？

人工知能の開発と、人工知能による海洋ごみの識別について研究しています。また、個人的に地形に関心を持っていることもあり、河川の地形環境と海洋ごみ発生の関係や、海岸の微地形や海浜植物と海洋ごみ集積との関係などにも興味を持って研究しています。まだまだ研究途中ですが、海岸の海洋ごみや、そのもとになるごみの挙動が具体的にわかるようになれば、ポイントを絞ってごみの回収ができたり、ごみの溜まりやすい場所に回収箱を設置できたり、環境問題解決の手助けができるのではないかと思っています。

——大学院ではどのような研究をされていましたか？

地理学を専攻し、アフリカでフィールドワークをしていました。国立公園で暮らす人たちが利用する自然環境や、その場所がどのように人の影響を受けて成立しているのか、自然と密接に暮らしてきた人たちが周辺の自然環境をどのように認識しているのかなどを研究していました。一見、いまとぜんぜん違う研究のようですが、人と自然の相互作用性が対象というところに大きな共通点があります。

僕たちは当たり前のようにビルや駅で待ち合わせをしますが、そういうものが一切ない自然のなかだと何を目印として待ち合わせをするのかも興味深くて。大きな目立つ木を目印にするだけでなく、僕たちにとっては何気ない木々や水たまりまでも、アフリカの狩猟採集民の人たちはひとつひとつ記憶していて、その特徴や性質、そこまでの距離などが、周辺自然環境のなかで明確に認識されているんです。そういう自分たちとの違いを知ることもおもしろい経験でした。

——学生時代といまの研究はどのようにつながっていますか？

場所・空間・環境に着目し、人びとの生活や地形、植生、気候などを総合的に捉え、それら各要素の関係を定量的に解明することが地理学の対象であり、僕の関心でもありました。いま特に力を入れているのは海洋ごみ問題ですが、人間社会が自然環境に大きな影響をおよぼしているこの問題を解明するためには、地球環境に対する地理学の視点や姿勢が必要だと考えています。

ずっとアフリカなど海外で研究してきましたが、地域や対象が変わっても、人と自然のつながりを総合的に明らかにしたかったので、それが日本で形を変えて続けられているという感じです。

——人と自然をつなげる研究をしようと思ったきっかけは？

地理学を学ぶなかで、自然環境の変化による地形の変遷、人間の開発による改変をたくさん学んできました。地形改変をしてもともと海だった場所に建物を建てたり、山を切り開いて平地をつくったり。自然環境の各要素（気候・地形・土壌・植生など）のつながりだけでなく、そこには必ず人間活動の影響があるので、それも含めて研究したいと思ったんです。

——その学問を勉強したことで、自然を見つめるまなざしや考え方はどのように変わりましたか？

たとえば山を見たときに、1か所だけ色が違う部分がありますよね。それは、そこに生えている樹木の種類が違うからですが、ではなぜそこだけ樹木の種類が違うのかと考えを巡らせます。斜面の傾斜や方向の違い、水分条件、植樹などいろんなことが考えられますが、そうやって自分の考えや疑問をたくさん持つことが地理学を学ぶ出発点でした。そんな見方をずっとしてきたので、単純に「ここに〇〇がある」だけでとどまらず、自然と社会の両方の視点から、「なぜここに〇〇があるのか」を考えるようになりました。

――アフリカで研究をしたのはなぜですか？

幼少期にドキュメンタリー番組でアフリカの子どもについての特集を見て興味を持ち始め、それからアフリカに行ってみたいと思うようになりました。

僕はもともと勉強が好きではなく、家も裕福ではありませんでした。でもふとしたときにドキュメンタリー番組で見た子どもたちの姿を思い出すことがありました。アフリカの子どもたちは貧しいなかでも毎日を精一杯楽しんで生きている。僕もがんばろうと元気をもらえていたんです。

高校生になって地理という科目を勉強し、あらためてアフリカのことを考えるようになりました。アフリカに何か恩返しができたらと考えながら地理を勉強しました。それに伴って、もっと他の科目も（地理と関係するので）勉強しないといけない。そこからすべての勉強を楽しいと思えるようになったんです。

アフリカに行く手段としていろいろ選択肢はありましたが、地理学者になってアフリカに行き、夢をかなえるのがいちばんいいのではないかと考えました。なので大学で地理学を専攻し、大学院でも地理学の先生から学ぶことができ、自分の希望どおり、地理学研究者として、アフリカに行く夢がかなったんです。とても運がよかったと思いますし、先生方や研究仲間、友達にもほんとうに恵まれたと、そこは自信を持って言えます。

初めてのアフリカ訪問はナミビア共和国という国でした。辺境にある小さな村で長く住み込んでいたため、いちばん思い出深い場所です。言葉が通じないなかで必死にコミュニケーションをとり、毎日生活を共にするなかで、自然環境や暮らしの調査をしていました。そこでは僕の思考に大きな変化がありました。それは、むかしドキュメンタリー番組で見た、「貧しいながらに」という価値観です。幸せについて、お金という尺度で測るクセのようなものが、一気に除去されました。自然環境と密接に暮らす彼ら・彼女らにとって、幸せはお金だけではない。僕も生きること、家族・友達といること、勉強すること、そのすべてに幸せを見つけられるようになりました。

——これからどんな研究がしたいか、またそのモチベーションを教えてください。

いままでアフリカ研究で興味深い事実を解明することができましたが、それをすぐに地域へ還元できないもどかしさも感じていました。その点で、いま実施している海洋ごみ研究には、意義を感じています。研究を進めて成果が出れば、海洋ごみ削減のヒントとして地域に還元でき、自分の研究が直接、役に立つという点に魅力を感じています。

モチベーションはほんとうに大切だと思っていて、特に意識しているのは楽しみを見つけることとです。あれだけアフリカに行きたかったはずの僕が、行きたくないなと思うこともありました。日本との生活の違いを身をもって感じたからです。ですが、つらいなかでたくさんがんばって嫌いになるより、少し手を抜いても楽しいと思えることが大切だと思ったので、観光など研究以外の楽しみを見つけるようにしていました。

——ずっとアフリカに行きたかったはずなのに、行きたくなくなることもあるんですね。

そもそもアフリカに行きたかった理由って、貧乏でかわいそうだから自分が助けないとっていうような、子どもながらの正義感からだったんですが、いざ行ってみるとまったくそんなことはなくて、みんな自分たちの生活を謳歌している。僕たちはお金がないと不幸だとかそういう設定の下で生きていますが、そうじゃないんです。食べたいものを獲りに行って、暑いときは木の下で休み、涼しくなったら木の実を採りに行く。幸せの感じ方っていろいろあって、不自由な国だと思って来た自分だけが不自由を感じていたんですね。そのあたりの感覚は変わりました。ですが、やっぱり僕は日本生まれの日本育ち、日本人のアイデンティティーをしっかり持っていて、他の人にはなれない。行きたい理由が違ったことを含め、自分自身や日本社会を客観的に見つめ直す、いい機会と経験を得たと思います。

――研究でいちばん楽しいと思える瞬間は？

やはり、知らないことを知る瞬間ですね。まだ誰もできないことができるようになったり、まだ誰も知らないことを発見できたり。意義があると信じて研究を進め、ついにおもしろい成果が出たときに、やっと大きな達成感を得られる。この感じがまさに、研究をしていくうえでの楽しさだと思います。

この先も地理学者として研究に邁進し、いろいろな分野の研究者と一緒に環境問題に立ち向かい、共に達成感を味わえるときを夢見て、今日も海洋ごみのことを考えています。

第4章

外国を旅して

旅する動物

僕は四国の徳島県生まれ。比較的小さな島国である日本の、そのまた小さな島である四国が僕の世界だった。山が海に迫るような四国南部の地形では平野は貴重だ。そのかわり、雨量が多い森から流れ出る澄んだ川が身近にあり、荒々しい太平洋がすぐそばにあった。こういう環境で自然のすばらしさを知り、自然のために何かやりたいと思うに至ったのだ。

そんな僕は、アメリカの大学に進学することにした。ヘンリー・デイビッド・ソローやジョン・ミューアなど、自然保護の先人たちの思想に共鳴し、彼らが暮らしたアメリカを体験し、彼らを感動させたアメリカの自然を見てみようと思ったからである。

実際、アメリカに留学してよかったと思う。向こうの自然は、島国・日本の自然とはまったく異なることを身をもって知ることができたからだ。しかしそれは、大陸と島国のどちらがいいかという単純な話ではない。地球規模の環境問題に直面している僕らは、世界にはいろんな自然環境があり、そこで成立する生態系は千差万別であることをしっかり認識することが必要だ。環境問題の解決策は、理想的にはすべての環境を念頭に置いたものであるべきなのである。

で、北アメリカ大陸がどうだったかというと、とにかく広かった。地図で見るだけでも、アメリカ・カナダの2国だけで日本の何十倍もの面積を持つことがわかるのだが、それをほんとうに実感できたのは、この大陸を旅したときだった。

アメリカ西部・ワイオミング州の大学に通っていた僕は、東海岸・ボストンの大学院に進学することになった。その引っ越しにかこつけて、車で大旅行をすることにしたのである。中古の四輪駆動車に、教科書やら布団やら鍋釜のたぐいを満載して引っ越しをすることにした。車に載りきらない荷物は、ガレージセールで売りさばいたり、友人にあげたりした。

アメリカの物流はトラック中心なので、高速道路がよく整備されている。高速道路は基本的に無料なので、気軽に乗り降りができる。高速道路沿いには現代の「一里塚」とか「宿場町」的に小さな街が形成され、ガソリンスタンドやらホテルやらファ

ストフードやら、行き交う旅人たちを相手にした数々の商売が成り立っているのである。

そんなわけで高速道路の旅は基本的に快適なのだが、閉口したのはとにかく風景が単調なことだった。中学校の地理で、アメリカの農業は**適地適作**で、プレーリーにはトウモロコシ畑が広がり……、みたいなことを習ったけれど、ほんとうに教科書どおりの土地利用がなされているのを知ったのは大きな収穫だった。

旅の1日目は、ひたすらネブラスカ州のトウモロコシ畑を眺め続けながらハンドルを握った。2日目になるとずっと、アイオワ州の大豆畑のそばを走っていた記憶がある。何百キロメートルも同じ光景が続くのだから、日本人の感覚からするとかなり異様である。たしかに日本でも、車窓からその土地の農業を目にすることがある。静岡県の茶畑、和歌山県のミカン畑、青森県のリンゴ園など有名な農業の様子が目に入るとテンションが上がるんだけど、車で走っているとその光景はすぐ

に過ぎ去ってしまう。うんざりするほど同じ光景が続くというのがアメリカのおもしろさなのだと、このとき身をもって知った。

旅が3日目に入ると、徐々に大規模な農地が減り、代わりに小さな街や森が車窓を流れるようになってきた。場所でいうとオハイオ州あたりである。さらに東に進んでペンシルバニア州に入ると、小規模な街と広葉樹林と小ぢんまりした農地が交互に現れるようになった。こうなると風景は、日本の田舎の景色に近づいてくる。

アメリカ東部は比較的歴史が古く、小規模な農場が多く存在していた場所だ。地形の起伏もけっこうあるので、古きよき日本の里山のような景色に近づくのだろう。ちなみにアメリカ東部は、むかしは農業がさかんな場所だったが、農業に大型機械が利用されるようになると、この場所の起伏に富んだ地形があだとなった。かくして農業の中心は中西部の平原に移り、東部の農地は放棄され、いまでは樹木がかつての農地を覆いつくそうとしているのである。ペンシルバニア州の広大な森林も、少し前までは一面の農地だったと考えると、とても感慨深い。

僕の実家は何百年も四国の狭い土地にしばりつけられて生きてきた農家なんだけど、とにかく何があっても自分の土地を守って次世代につなげなくちゃという執着がハンパなかった。このような日本の保守的な社会で育った僕にとって、都合がわるくなるとすぐに土地を移っちゃうという、ドライで効率的なアメリカの開拓者気質との比較ができたのは貴重な収穫だった。自然観察と人間観察がライフワーク、人生はすべて研究であると豪語する僕にとっては、若いころにアメリカを旅して、自然環境・社会環境に触れることができたのは財産だ。旅はいろんな知識とアイデアを与えてくれる。

松尾芭蕉は「おくのほそ道」（国語の教科書ではこういう表記らしい）の序文で、旅に出たくてどうしようもなくソワソワする気持ちを率直に書いている。旅に出るには、お金もかかるし準備も大変だし、同行者のアレンジやあとに残す家の引継ぎとか、とにかく気苦労も多い。旅先でケガをしたり病気になったりするリスクもつきまとう。それでもなお松尾芭蕉は、なにかの妖怪にとりつかれたくらいウズウズしてしまうというのである。

人類の歴史を考えると、人間は旅をする動物だ。そもそも、サルの仲間で人間くらい地球上のあらゆる場所に分布を広げている種はいない。故郷であるアフリカから遠く離れた場所で痕跡が発見されたジャワ原人や北京原人などのように、ホモ属の原人たちも、世界を旅して分布を広げたのだが、現生人類の旅好きは特筆すべきだろう。

アフリカ大陸で生まれた現生人類は中東に進出し、ヨーロッパ方面とアジア方面を旅して勢力を拡大した。一足先に現地に住んでいたネアンデルタール人やデニソワ人たちとも交流した。旧人類といわれる先住民たちとたたかったり、結婚したりしたのである。そしてその証拠は僕らのDNAに刻み込まれている（アジア人のDNAの数%は、ネアンデルタール人やデニソワ人に由来しているのである）。

中東の乾燥地帯でも、東南アジアの熱帯雨林でも、ヨーロッパや東アジアの森林でも、現生人類はいろんな環境に適応した。そしてシベリアのような酷寒の地もすみずみまで探検するに至った。

氷河期に海面が低下したタイミングでベーリング海峡を越えてアラスカに渡り、当時の北アメリカ大陸北部を覆っていた氷床のすき間を探して南下し、あっという間に南アメリカ大陸の南端に到達したのである。

南アメリカ大陸に現生人類が到達した経路については諸説あるが、いずれにしても現生人類の持つ、異常なまでの旅への熱意が感じられるように思う。人類は、松尾芭蕉みたいなキャラをこころに秘めているのかもしれぬ。

旅することには、生物としてのメリットがある。家族が一か所にとどまっていたのでは、人口が増えすぎて食べものが不足するかもしれない。飢きんや疫病などに襲われたら、一族が全滅するかもしれない。一族のなかの「勇者タイプ」の誰かが、まだ見ぬ世界へ旅に出て、運よく桃源郷を見つけることができたなら、そこで一族の遺伝子を繁栄させられるかもしれない。

これはチャンスであり、リスクでもある。旅に成功すれば繁栄が手に入るが、失敗すれば死が待っている。人間には、あえてこういうところへ突っ込んでいく熱情みたいなものが備わっているのだろうか。

おもしろいのは、人間には個性があること。保守的な人は安定を重視し、いま生きている環境で暮らし続けることを好む。冒険志向の人は変化を好み、リスクを甘受する。このようなそれぞれの個性がうまくはたらいて「役割」となり、人類は繁栄してきたのかもしれない。

ある兄弟のうち長男は安定志向で実家を守り、次男は冒険志向で世界を旅するというようなことは、人類の歴史で多々あったことだろう。安定志向と冒険志向のどちらが偉いということではなくて、大事なのは多様性なのである。

こんな感じで旅を愛する僕なのだが、最近は特に日本の自然と社会への興味が強くなったような気がしている。やっぱり地元がいちばんだよね、なんて平凡なことを言うのはいささか恥ずかしくもあるが、アメリカで10年暮らしたからこそ言える本心である。

最近は、日本のなかでも特に、瀬戸内海の島の自然と人の暮らしに愛着を感じている。日本の自然はアメリカと比較すればミニチュアみたいなものだけど、離島の生態系や社会はさらに小さな小さなミニチュアである。森が海のすぐそばまで迫り、人びとは海沿いのわずかな平地に小さな家を建て、密集して暮らしている。朝は小舟を出して魚を獲って、昼からは畑で野菜を育てたり、裏山でタケノコを掘ったりする。こんな感じの島国ならではの暮らしに触れると、なんだかキュンとするのだ。旅

紅葉のシーズンのカナダ北西部。現地の生態系はとてもシンプルで、ほんの数種類の樹種だけで構成される森がひたすら広がる。

行をしなくても、人力で森と里と海を行き来できるのが島の暮らしの醍醐味なのかもしれない。

アメリカの国立公園

いまを去ること20年前、僕はアメリカのロッキー山脈のど真ん中の街に住み、大学に通っていた。人口2万人の小さな街の小さな短大。勉強以外にやることがない環境が幸いし、人生のなかでもいちばんといっていいほど貪欲に知識を吸収していた時代だった。

たまの息抜きは、アメリカの自然に触れることだった。住んでいた街自体が大自然のただなかにあり、散歩していると何匹ものプレーリードッグと出くわすような場所だったのだが、車で少し遠出して、国立公園に行くのが大好きだった。

大学のまわりには、車で数時間圏内に数多くの国立公園があった（アメリカの規模感では、車で5時間くらいは「わりと近い」と感じるレベルだ）。イエローストン、グランドティートン、ロッキーマウンテン、ザイオンなど名だたる国立公園があるのだが、個人的に「聖地」と思っているのはアーチズ国立公園だ。

アーチズ国立公園のあるユタ州はスキーリゾートとして名高いが、それは州の北部の話。

南部はわりと砂漠っぽい気候で、雨が少なく植物はまばら。だから巨岩・奇岩のたぐいがそのまま露出しており、日本ではなかなかお目にかかれないような地形がそこここに転がっている。

いや、日本だって地面はもとをただせば岩石でできているのだが、その上に植物が豊かに生い茂り、土壌が分厚く堆積しているので、岩石を目にするのは崖のような地形に限られるのである。

余談だが、ゴビ砂漠など植生に乏しい場所で恐竜の化石が発掘されることが多いのは、岩が露出しているため見当をつけやすい・掘りやすいという理由も大きい。もしも気候変動で日本が砂漠になってしまえば、恐竜の化石が大量に発見されるかもしれないのである。僕は個人的には、日本は森の国のほうがいいけれど。

さて、アーチズ国立公園には、その名のとおり岩のアーチがたくさん存在している。アーチができるということは、岩の壁に穴が開いて、向こう側に貫通しているということだ。岩に穴が開くという現象はおもしろい。

日本でも、海辺の磯などで強い波や風雨にけずられて穴が開いた岩が観光名所になっていたりするが、アーチズ国立公園は、狭い地域にそれがかたまっているのがすごい。しかもひとつひとつのアーチの造形がものすごく、「自然現象でこんなのあり得んやろ」と思うようなものがごろごろ転がっていて、日本の国土で培われた常識をくつがえされるのである。

数あるアーチのなかでも白眉は、デリケートアーチである。台地状にそびえる巨岩の上に、芸術家がわざとつくったかのようなアーチが存在する。その前面は天然の岩の広場、背後は切り立った崖である。この完ぺきなロケーションでデリケートアーチを観ることができただけで、アメリカに留学してよかったなと、こころの底から思ったものである。

デリケートアーチへのアクセスは、駐車場からそれなりの距離のハイキングになる。この場所は夕方の景色が特にいいので、日が傾きはじめるころに歩きはじめる。乾いた風に吹かれながら、セージブラッシュといわれる灌木（かんぼく）がまばらに生えるトレイルを進む。

すれ違う人びとはみな笑顔で、軽くあいさつを交わしつつ歩を進める。アメリカ人にとっては国内旅行のはずなのだが、こんな秘境に来られたという体験で、みなテンションが上がっているのだ。1時間ほど歩くと、デリケートアーチに出合える。このくらい体を動かすのは、最高の出合いのためのウォーミングアップといっていいだろう。

アーチズ国立公園には多数のアーチがあり、それぞれ短ければ5分、典型的なものは20〜30分のハイキングで現場に到着できる。近くの街に泊まって1泊2日くらいで訪れるのがベストな楽しみ方ではないかと思う。なんか旅行ガイドみたいになってきたが、大学生のころのこの体験が、自然について勉強しよう、自然を守ろうという、単純だけど強い動機になったことは事実であり、それはいまも僕をつき動かしているはずなのだ。

大学教員は研究者とはいえ、毎日雑用に追われ、事務員に平身低頭するような情けない職業なんだけど、それでも続けるのは自然が好きだから。こころが折れそうになるとき思い出せる強い思い出を、どれだけ持っているかが大事なような気がしている。

ちなみに、当時貧乏学生だった僕の旅は過酷だった。15年落ちで買ったホンダシビックに、量販店で3000円くらいで売られている小さなテントを積み込んでの旅だった。アーチズ国立公園にはキャンプ場もあり、とても安価で泊まれるのだが、夜になると雰囲気が一変する。

簡素な料理をつくっているとコヨーテたちにまわりを取り囲まれるという、冷や汗体験ができるのだ。コヨーテは臆病な動物で、実際に人を襲ったりはしないんだけど、怖いものは怖い。食べもののにおいに引き寄せられて、10匹以上のコヨーテが僕を遠巻きに見つめている。ルールの厳しいラーメン屋よりもさらに強いプレッシャーを感じ、僕はすごい早さで食事を終え、余った食材や汚れたままの鍋や皿をシビックに投げ込んだ。さすがに車のなかならばコヨーテたちもあきらめるだろう。

ほとんどのアメリカ人たちはキャンピングカーに泊まっているので、こういう心配とは無縁だろう。しかし野外での炊事をせざるを得なかった僕にはなかなかの冒険だった。その後、薄い布一枚でできたテントのなかで、僕はふるえながら眠りにつくのであった。

余談だが、コヨーテという生きものはかしこく、柔軟に生きている。ネズミなどの小動物を捕食するハンターではあるが、中型犬ほどのサイズしかないので、オオカミやクロクマなどの大型哺乳類にはかなわない。しかし、アメリカの大部分でオオカミが絶滅してしまった現代においては、彼らが生態系の頂点に君臨することになり、行動が大胆になっているのだ。しかし、イエローストン国立公園にオオカミを再導入したところ、コヨーテたちはオオカミを気にするようになり、できるだけ彼らに出会わないような行動をとるようになったとのこと。したたかにほかの生物の顔色をうかがいながら生きているのである。小さなテントでキャンプしていたころの僕は、コヨーテたちにとってくみしやすい相手と思われていたのかもしれない。

メキシコ国境

最近、タコスなどのメキシコ料理がマイブームになっている。

ピリ辛のサルサソースをトルティーヤチップスにつけて食べる。

タコスの皮で豆やらレタスやら鶏肉やらをはさんで食べる。

コロナビールにカットライムを入れて飲む。

十数年前にアメリカで覚えたメキシコ風の食生活が、ここにきて個人的にリバイバルしているのだ。アメリカは多様性に富む移民の国。いろんな国の料理が食べられるのだが、特に印象に残っているのがメキシコ料理だ。国境を接した隣国だから移民の数がとても多く、それだけにメキシコ料理も充実しているのだ。

ファストフード的なものも、本格的なものも、僕がアメリカで食べてきたメキシコ料理は数知れない。ちなみにアメリカではいろんな国の本格的な料理を楽しむことができるのだが、逆にアメリカならではのユニークな料理が少ないのは皮肉である。

メキシコ料理について書いていて思い出すのは、国境の街ティファナだ。カリフォルニア南部まで行くと、わりと気軽に国境を越えてメキシコに遊びに行くことができる。そういう気軽な日帰りのプチ海外旅行客を受け入れているのがティファナという街だ。

アメリカはいわずと知れた世界最大の経済大国だ。一方メキシコは、経済・治安・教育・福祉などいろんな意味で発展途上国である。その格差はとても大きい。そして、先進国と発展途上国がこれくらいがっつりと国境を接している場所は世界で唯一、アメリカとメキシコだけなのである。トランプ大統領が国境に壁を建設しようと息巻いていた意味も理解できる（壁の建設についての賛否はまた別の話だけれど）。

アメリカからメキシコへの入国はとても簡単。といっても、車で入国するのは少々煩雑なので、国境間際に豊富にある民間の駐車場にレンタカーを停めて、歩いて国境を越えるのが気楽だ。軽装で日帰りだと丸わかりの日本人観光客はほぼ素通しで、あっけないほど簡単にメキシコに入国できる。

観光客はメキシコに入った途端、強烈な客引きを受けることになる。主な観光客は白人のアメリカ人なのだが、日本人もわりとやってきていて、メキシコの客引きたちはちゃんと日本人にカスタマイズされた客引きを仕掛けてくる。「こんにちは」なんてあいさつは序の口で、「ちょっと待って田中さん」とか「ちびまる子」とか、とにかく当てずっぽうな日本語を連発して気を引こうとする。
ともあれ、ティファナのメインストリートのレストランは基本的にすべてのお店が客引きを出しているので、結局はどこかの客引きにつかまってお昼ごはんを食べることになるわけだ。そんなこんなで異国体験をして味わった本場のメキシコ料理だが、それはとてつもなくおいしいものだった。ちゃんとした格式のレストランで、おいしくて格安。アメリカ人たちがメキシコ料理を食べるためだけに国境を越える理由がわかった気がした。

メキシコ旅行はとても楽しい体験だったけど、僕のこころに鋭いとげを刺すことにもなった。日本でもアメリカでも、人間はみな平等と教えられてきたけど、実際はそうなっていないことを嫌というほど味わったからだ。アメリカ人の感覚では情けないほど安い時給で働くメキシコ人たち。それでもメキシコの水準から見たら高給取り

いまもメキシコ料理が恋しくなるときがある。京都市左京区にはマニアックかつ本格的なタコス屋さんがあってありがたいのだ。

だったりする。

恥じらいとか遠慮とかの感覚をどこかに置き忘れてしまったかのように、吹っ切れた大胆さを見せるメキシコの客引きたち。衣食足りて礼節を知るということわざがあるが、裏を返せば、衣食住などの基本的なニーズが満たされていない人たちは礼儀なんておかまいなしで、生きるために必死になるということだ。アメリカや日本といった先進国で暮らしていると、こういう基本を忘れがちになる。発展途上国に行くという体験はエキサイティングであると同時に、問題を再認識する機会でもあるのだ。

先進国と発展途上国の格差の問題、いわゆる**南北問題**（多くの先進国は地球の北にあり、発展途上国の多くは南側にあるのでこのようにいわれる）は、環境問題にも暗い影を落としている。

先進国の僕らは、生物多様性を守ろう、絶滅危惧種を守ろう、地球温暖化を抑制しよう、遺伝子組み換え作物はちょっと怖い……などなど、環境問題について意識の高い発言をするのだが、発展途上国の人にそれはどのように聞こえているだろうか。環境保護なんて、お金持ちの道楽のように聞こえることも多々あるだろう。

いまを生きるのに必死な人に、１００年後の話をしてもピンとこないのは当然である。もし僕が飢え死にしかかっていたら、目の前を通りかかった絶滅危惧種の動物を捕まえて食べちゃうだろう。遺伝子組み換え作物だろうがなんだろうが、口に入れることだろう。それしか現金を入手する手段がないとしたら、原生林を焼き払ってでも商品作物を栽培するだろう。僕らは、環境問題を解決するため、このように「人間の気持ち」になることが必要なのだ。

地球温暖化予測にはいろいろなシナリオがあるが、そのなかに、南北格差が縮小する場合と拡大する場合を比較したものがある。もしかしたら読者のみなさんは、地球温暖化は文明国が化石燃料を燃やすから起こるので、発展途上国は化石燃料を使うほどの経済力を身につけないほうがいいのではないかと思うかもしれない。たしかにそれには一理ある。地球温暖化シナリオでは、今後20～30年は、発展途上国が発展しないほうが二酸化炭素排出量の世界合計を低く抑えられると示している。

しかし興味深いことに、１００年後の世界を予測した場合は、南北格差を縮小したほうが、地球温暖化が緩和されるのである。なぜか。発展途上国の人たちは、どんなに抑圧されても命がけのたくましさで、先進国並みの生活を手に入れようともがいている。それならば発展途上国を援助して、素早くすんなりと先進国化してもらったほうが環境問題に有利なのである。ずるずると抑圧をひきずっていると、環境負荷の高い過渡的な状況がずっと続くことになってしまうのだ。

アメリカから日本に帰国して早10年以上が経つ。たまに出張でアメリカやカナダに行くことがあるが、現地の物価の高さにびっくりする。日本人の感覚からすると、マクドナルドのハンバーガーですらおいそれと食べられない価格だ。僕がアメリカで暮らしていたころと比べて、びっくりするほど値上がりしているのだ。

日本は最近、経済成長が止まり、物価上昇も止まっている。しかし世界各国は着々と経済成長し、物価も上昇している。日本国内で暮らしているだけでは気づかないかもしれないが、日本は着実に、「豊かな国」のポジションから陥落しつつある。だからこそ、近年は日本に外国人観光客が押し寄せているのだ。自国と比べて物価が安いから、みんな大挙して押し寄せてくる。「外国人が日本の魅力に気づいた」というきれいごとだけじゃなくて、彼らにとって気軽に豪遊できる国になったということなのだ。

数十年後、日本は発展途上国になっているかもしれない。僕ら日本人は、日本はすばらしい国という幻想に固執せず、ものごとを考えよう。発展途上国のことを考えるのも大事だ。国際的な経済感覚を持つことも、環境問題について考えるときに大事なことなのである。

生態学者のヒトリゴト

「役に立たない学問」に価値はあるのだろうか？

むかしのヨーロッパでは、遊んでいても不労所得が入ってくる貴族たちの余暇として科学が発達していた。貴族たち自身が科学の研究をすることもあれば、高名な科学者を招へいして研究をやらせることもあったそうだ。ちょうど、有名な音楽家をお抱えにすることがステイタスだったように、貴族たちは有名な科学者をお抱えにすることに価値を見出していたのかもしれない。

このような時代背景では、科学はピュアにパーソナルなもので、自分のおこづかいでやっていることだから他人がとやかく言うことではない。このように、趣味的なパトロンが科学に自由を与え、発展を促してきたともいえる。

ところが現代には、莫大な不労所得を稼ぐ貴族というものは存在しなくなった。大企業の経営者はある意味では現代の貴族のようなものともいえるが、むかしの貴族と違うのは、純粋な趣味として科学を応援できなくなっていること。自分の会社の事業に役立つこととか、社会貢献として意義があるとかじゃないと出資するのがむずかしい。株式会社は株主を儲けさせなければならないから、当然といえば当然である。つまり、民間企業が出資する科学は、近い将来その企業の利益になる可能性の高いものに限られてしまうのだ。

そんな現代においては、政府が科学に果たす役割が重要になる。いますぐお金儲けにはつながらなくても、基礎的な科学の知見を深めたり広げたりするためのお金を出すという役割は、民間企業でなく政府なら担えるのである。しかし、政府にはほかにもいろいろやることがある。自然災害とか福祉とか、歳出は膨らむ一方。しかし長引く不況のため、歳入は低迷している(この30年くらいで日本の歳出は1・5倍ほどに増えたが、歳入はほとんど変わっていない。30年前ですら赤字だったのに!)。このように赤字の累積している財政状況では、科学のために投資する金額もおのずと制限されることになる。

10年ほど前に科学者を震撼させた政府のプロジェクトに「事業仕分け」というものがあった。事業仕分けでは、予算に見合った成果を出せるかという画一的な基準で、政府機関や公益団体や科学プロジェクトが評価され、成果に直結しない事業は廃止の憂き目にあった。僕に関連が深かったのはスーパーコンピュータ「京」。その当時僕は、スーパーコンピュータ「京」に関連して設立される兵庫県立大学のシミュレーション学研究科への就職が内定していたのだが、そのスーパーコンピュータ「京」が事業仕分けの対象となったので、一時は無職になる覚悟を固めたほどであった。事業仕分けにおいて、担当者が世界1位のスーパーコンピュータを目指していると説明したところ、政治家から「世界1位じゃなきゃダメなんですか？2位じゃダメなんですか」と揚げ足を取られたのが印象に残っている。このようなコスパ至上主義は経済活動では重要かもしれないが、こと科学となると、そのようなプレッシャーは小粒な研究プロジェクトばかりを増やすことになってしまうと思う。

科学は成功ばかりじゃない。むしろ失敗が大半である。失敗ばかりの実験のなかから、ほんの一握りの成功を生み出す過程である。小売店が販売目標を立ててその達成率で評価を受けるように、科学も目標を立ててその達成を目指すというのは短絡的であり、科学を知らない権力者による暴論であると思う。

科学では、「瓢箪から駒」「ケガの功名」がたびたび起こるのも醍醐味である。研究を続けるうちに、当初の想定にはなかった新たな発見があるのだ。このドキドキ感が研究者のモチベーションを高めているともいえる。しかし、現在の学術研究の枠組みでは、計画書に載っていなかった新発見は評価されないのである。

政府の考え方はよくわかる。公共事業としてダムをつくるとき、事業を請け負う業者は、設計図で決められた素材・形状・工法もろもろの仕様を満たすようにつくる。つくっているときに「いいこと思いついた。コンクリートにお花のオブジェを刻もう」なんてことをしでかすと、たとえ善意だろうと何だろうと大目玉を食らうのである。

だから、政府から見て「おりこうさん」な科学者は、計画書どおりに実験を実行して報告書を出してくる人である。「計画は挫折したけれど、代わりにこんな新発見がありました」なんて人は敬遠される。これは構造的な問題だ。科学者に研究費を出している文部科学省の人は、財務省ににらまれている。財務省に提出した計画書のとおりに進められないと文部科学省の失態ということになる。

そんなわけで、根本的な改善のためには、政府の人に「科学とは何か」を知ってもらう必要があると思う。科学の世界では、多大な年月と予算をつぎ込んでも当初の仮説は証明できず、実験は失敗でした、となるのは当たり前。ダムの建設とは違うので、その結果だけで評価するのは酷である。成果主義が横行すると、確実に結果を出せるような小粒な研究ばかりが増える。失敗してもよいからチャレンジしよう、と誰も思わなくなるのだ。

科学には自由を認め、フレキシブルな方針転換を可能にすることが科学行政には重要なことだと思う。そのためには、誰かが科学者と政府の橋渡しをしなければならない。僕もそろそろ加齢を実感する歳になったので、科学の最前線で世界のライバルたちと伍する能力がなくなってきたら、早めに第一線を退いて、科学行政などで現役世代をサポートする側に回りたいと常々考えている。

第5章

里山に生きて

里山ってなに?

日本の生態系の特徴は、里山が多いことだと思う。里山の定義にはいろいろあるけれど、ここでは、人がほどよい利用をすることで保たれている生態系、というふうにしておこう。人間が生きていくためには、なんらかの方法で土地を利用することが必要となる。地面をコンクリートやアスファルトでかためて都市と住宅をつくることもあるし、森を切り拓いて田んぼや畑をつくることもある。里山もそのような利用形態のひとつで、むかしから日本人は、里山で木の実を拾ったり、キノコやタケノコ、山菜をとったり、炭を焼いたり薪を集めたりして、生活の足しにしていた。竹を植えて、さまざまな日用品をつくったりもしていた。

日本の国土は狭いのに、むかしからけっこう多くの人が暮らしてきた。そんな状態で持続的で安定した暮らしを送るためには、知恵が必要となる。自然の回復力を超えるほどの負荷を与えたら、そのツケは将来、自分や自分の子孫にはねかえってくる。それをよく思い知ってきたからこそ、必要以上の利用は控えるという教えを守り、森が「はげ山」になってしまうのを防いできた。そのように、人と自然が折り合いをつけて維持してきたのが里山だといえる。

世界には、文明の発展とともに森が「はげ山」になっていき、その結果、文明が滅亡したような例がたくさんある。幸い日本は雨がよく降る温暖な土地だから、森の回復力が高かったにせよ、長期間・広範囲にわたり人と自然のバランスを保ってこられたのはすばらしいことだと思う。

里山は、庭や畑とも違うし、原生林とも違う、独特の生態系だ。人がそこに暮らす生物のことをことこまかに管理すると庭や畑になるし、まったく手つかずの状態でキープすると原生林になる。里山はその中間であり、環境に応じて生物が自律的に繁殖したり競争したりする自由が存在する一方で、定期的に巡回してくる人によって、人間の暮らしに役立つ生態系になるように導かれているのである。

ひとむかし前まで、日本人の暮らしは地域の自然によって支えられてきた。自然界が供給する食料はもとより、家を建てるための木

竹は建築資材からカゴやザルといった日用品まで、さまざまな用途に使えるたいへん有用な植物である。だから好んで里山に植えられていたのだが、近年は放置され、増えすぎて問題になることもある。

材や、こまごまとしたものをつくるための資材、果ては民間の薬に至るまで、身近な自然が供給してきたのである。

　人びとは必要に応じて自然の恵みを収穫した。田んぼでちょっとしたすり傷ができると、あぜ道のヨモギをすりつぶして消毒した。ヨモギは、お正月のお餅のフレーバーとしても活用された。僕が小学生のころも、年末の餅つきが近づくと、母と一緒にあぜ道に出て、せっせとヨモギを摘んだものである。もちろんこれは、比較的温暖な四国の平野部での話であるが、別の場所では、きっと別の、しかし自然の恵みをいただくという点では共通したエピソードが存在することだろう。

水田と大きな鳥

徳島県の米農家で生まれ育った僕にとって、米づくりは一家総出の、とてつもなく大事な仕事だった。1年のリズムは、米づくりとともにあった。家の周囲の水田やあぜ道や用水路が、幼少期に触れた自然のすべてだった。

日本の人びとは、農耕によって環境を改変してきた。国土が山がちにもかかわらず米を主食に選んだ日本人。ちなみに東アジアを眺めると、日本に限らず中国や朝鮮半島でも、気候や環境が許すかぎり稲作を行ない、米がつくれない場合は麦や雑穀の栽培をすることが多いように思われる。ともかく、米を育てるには豊富な水が必要だ。原産地と考えられる東南アジアの湿地帯で生育していたわけだから、米を日本人の主食にするためには、日本の国土を人工的に湿地化しなければならなかった。

弥生時代、米が日本にもたらされた当初は、もともと湿地っぽい場所、たとえば川の下流のデルタ地帯（三角州。川によって運ばれた土砂が堆積したところ）などで栽培したことであろう。

しかし米栽培に適した場所はかぎられており、増大する人口を養うには、努力して水田面積を増やさなければならなくなってきた。こうして人びとは徐々に農地を広げるため、森林を刈り払い、土地が水平になるように整地し、水をせき止めるあぜを整備し、土壌をよく耕して水が抜けないようにし、川から水を引いて田んぼを水で満たすことにした。

これは途方もない重労働である。それほど水を必要としない麦とかソバとかその他の雑穀と比べて、米は栽培がとても大変な作物なのだ。しかしそれほど、日本人は米にこだわっていた。

米に対するこだわりが見られる場所として、石川県の能登半島にある千枚田が強く印象に残っている。棚田の光景は日本全国に分布しているが、ここの棚田からは特に、農民の執念というものが強く感じられた。

まず、かなり傾斜の強い場所を、途方もない努力で整地して水田にしていることに感動する。重機のなかった時代、それがどれほどの重労働であったか想像に難くない。傾斜がきつければきついほど、一枚一枚の田んぼの面積は狭くなる。等高線に沿ってならぶ細長い田んぼのひとつひとつは、汗と涙の結晶だろう。「夕方、一日の労働を終えて棚田の数を数えてみたら、どうも一枚足りない。おかしいなと思って足元に置いた笠を持ち上げたら、そこに田んぼが隠れていた」という民話は日本各地に存在するが、このような滑稽話もあながち荒唐無稽ではないと思わされてしまう。

そして、千枚田は海辺に立地していることもすごい。要は、海辺の崖っぽい地形を無理やり整備して田んぼにしているのである。農家出身の僕としては、強い風に乗って塩水が飛んできたりするから、お米は大丈夫かな、なんて考えてしまう。そんなこと、千枚田の農民だって百も承知だったろう。それでもなお、ここまでして米をつくりたかったことに感動を覚えるのである。


縄文時代、人がまだ稲作を知らないころ、日本列島にはこんなにも多くの湿地はなかっただろう。お米を食べたい一心で日本人は多くの水田をつくり、それは人工的な湿地となった。人びとはお米のことだけを考えていたんだろうけど、じつはそれは、日本の生態系に重大な影響をおよぼした。

日本に暮らす野生の生物たちにとって、日本に湿地が増えたというのはけっこうなインパクトだっただろう。その結果、このような

早春の千枚田。
田植えに備えて水を張りはじめている。

土地改変の恩恵を受ける生きものたちが多く繁殖し、分布を広げたことだろう。

水田に飛来する鳥たちは、日本の農村の見慣れた光景だ。僕が生まれ育った徳島県那賀郡那賀川町（現在は阿南市の一部）は比較的、米づくりに適した土地だった。近くを流れる那賀川の豊富な水を引いた用水が家のすぐ裏を流れており、そこから小さな用水へ分水、さらに小さな用水へ、というふうに、水が血管のように張り巡らされている。あぜ道に設置された板を一枚外すだけで、田んぼにひとりでに水が入るようにデザインされていた。

用水路はそれなりにちゃんとした川のていをなしていた。河道は護岸されておらず、ちょっとした川原もあって、年間を通して水が流れていた。するとそこには、メダカとかフナとかカワエビとか、淡水の生きものたちが多く繁殖することになる。

そして彼らは、春の稲作のはじまりとともに、一斉に水田になだれ込む。我が町は急に町中が湿地になったかのように光景が一変する。そして集まってくるのが、サギの類である。シラサギ（コサギなど）から、ちょっとユーモラスなゴイサギ、なかなかの威圧感を持つアオサギまで、多くの鳥たちがやってきた。水田に繁殖する魚類・甲殻類・昆虫類などを食べるためであろう。

田植えの際に田植え機を使うのだが、田植え機が通った場所は地面がかき回され、水中の小動物たちがびっくりして飛び出してくる。だからかしこいサギたちは、田植え機の後ろをついて歩くことを覚えた。こうして、うちのじいちゃんが押す田植え機とサギたちのパレードが、僕の幼少期の原風景になったのである。

以上のように書くと、僕の故郷は自然が豊かだったように思える。たしかにそうなんだけど、それでも環境破壊の影響はすでに色濃いものだった。たとえば、大型の水生昆虫のタガメというやつは、農薬などの影響で日本のほとんどの水田から姿を消してしまったらしい。僕は、ついにいちどもうちの田んぼでタガメを目にすることがかなわなかった。タイコウチ・カブトエビ・ゲンゴロウなどの水生生物は多くいたんだけど。

そして、サギたちはたくさんいたけれど、コウノトリやトキが徳島の空から姿を消して、すでに長い年月が経っていた。子どものころ、図鑑でコウノトリやトキの話を読んで、人間の環境破壊によってすみかを奪われた彼ら、絶滅にひんする彼らに感情移入し、また人間の活動に対する義憤に駆られたのを覚えている。

その後、日本最後のコウノトリが動物園で死んだニュースや、佐渡島のトキが絶滅したニュースを聞いたのは大人になってから。子どものころの記憶がよみがえるとともに、環境問題に対する漠然とした絶望感・虚無感のようなものを感じた。

ところがその後、思いがけずいいニュースがもたらされた。僕が子どものころ読んでいた図鑑には、トキは日本の固有種と書かれていたのだが、なんと中国にもトキが生息していることがわかったのだ。ただの少年だった僕には、学名をニッポニア・ニッポンというトキは日本の固有種であり、佐渡島のトキが全滅したら世界から絶滅するのだと刷り込まれていた。そんな僕には、とにかくすごいニュースだった。そしてやがて、日本はトキを中国からもらい受け、国家プロジェクトとして飼育・繁殖を実施し、日本に再導入することに。胸の高鳴りを感じた。

そしてコウノトリにも朗報が。コウノトリはたいへん大型で、長い距離をゆうゆうと飛んで旅する鳥だ。広く旧世界（ユーラシア大陸やアフリカ大陸）に分布しているので、まだ絶滅していない地域から譲り受け、日本に再導入するプロジェクトが始まった。

絶滅の悲劇を繰り返してはならないと、研究者たちはたいへん慎重にこれらの大型鳥類の生態を研究し、人工飼育技術を磨いていった。それとともに、飼育係に頼らず野生でも暮らしていけるように、徐々に彼らを訓練していった。さらに、地元の人びとと協力し、トキやコウノトリのエサとなる水辺の小動物が住める田んぼや川辺の環境を整備していった。

ソフトリリースという手法もたいへん興味深い。保護した生物を野生に返すときは、遠くに連れていってカゴから解き放ち、もう一生会うことはないだろうなんて言って飼育係が涙を流すシーンが定番だが、これはハードリリースなのである。

ソフトリリースでは、ふだんから飼育しているケージの屋根を開け放つことが野生復帰である。これはトキやコウノトリの身になって考えるとたいへんありがたいものである。今日はなんだかだるいから安全な家でじっとしていよう。今日は天気もよくて元気だから遠出してみよう。なんてふうに彼らが自律的に野生に出ることが可能なのである。野生に疲れたら、住み慣れたケージに帰ってくることも可能だ。

こうして彼らは、徐々に野生に慣れることが可能になった。しかしソフトリリースを実施するためには、保護施設の周囲の環境を、彼らの生育に適した場所として整備しておくことが求められる。都会の動物園で飼育するよりも、関係者はいろいろ苦労したことだろう。

トキやコウノトリの再導入が行なわれている地域（佐渡島や兵庫県豊岡市）では、これらの鳥類を地元の誇りとして、そしてブランド価値として評価している。トキやコウノトリが暮らす場所は、彼らのエサである小動物たちがたくさん暮らせるところであり、そのために農薬の使用が抑えられていることだろう。農業は環境破壊をもたらすことも多々あるが、この場所の農業は、少なくともトキやコウノトリと共存できる。少々値段が高くても、このように安心安全で環境に配慮した農産物に価値を見いだす人は少なからずいるから、農家の努力が報われる。こんなふうに、野生動物を保護することは、地元の産業にも一役買っているのである。

さて、驚かされるのは、コウノトリという生物が持つ旅する本能である。豊岡市はコウノトリの保護に積極的で、彼らが暮らし繁殖するのに適した場所を整備してあげているんだけど、コウノトリたちはそんなことはおかまいなしに、新天地を求めて旅に出る。その結果、日本各地でコウノトリを見かけるようになった。気に入った場所があればそこに定着し、首尾よく子どもを育てることもある。そう、コウノトリは再び、日本の空に戻ってきつつあるのだ。そして我が故郷徳島県にも何羽かのコウノトリが飛来し、繁殖したとのことだ。そんなわけで、コウノトリが不在だった、僕が子どものころよりも、徳島で見られる大型鳥類の生物多様性は高まっているのである（ちなみに徳島のコウノトリは、レンコン畑を好んでいるらしい。たしかにレンコン畑は、稲作用の水田よりも泥が分厚く、彼ら好みのように思う）。

日本のコウノトリたちはさらに羽根を伸ばし、朝鮮半島まで飛んでいくこともあるらしい。大陸のコウノトリたちと出会い、交流し、やがて繁殖するときがくるのではないだろうか。トキのほうも、佐渡島から本州に渡るなど、分布拡大が期待されている。僕が生きているうちに、トキやコウノトリはいちど絶滅し、その後、日本全国に復活した、なんてストーリーが完成するかもしれない。

大人になったある日、久々に故郷に帰ってみた。祖父の死後、うちの一家は事実上離散し、家屋敷も田んぼも他人の手に渡ってしまった。もはや地元に帰る実家もなければ家族もいないのだから、足が遠のいていたのである。そして、久々に見た故郷は変わり果てていた。よく遊んだ田んぼはあとかたもなくなり、片田舎によくある2階建ての簡易なアパートが立ち並び、アスファルト舗装された駐車場が広がっていた。むかしよく遊んだ用水路はまだあった。しかしそこには、俗にジャンボタニシとよばれる外来種の巻貝がはびこっており、岸辺は彼らの産みつけるショッキングピンクの卵塊で覆いつくされていた。

僕らはセンチメンタルなノスタルジーに支配されてはいけない。決して思いどおりにはならない現実を直視し、それでも前向きな未来を描かなければならないのである。でもやっぱり、生まれ故郷が変わってしまうのはつらいことである。僕は小一時間ほど、そこに立ちすくんでしまった。開発と保護は、どのように両立すべきだろうか。画一的な基準などは存在しないだろう。きれいごとだけではダメだけど、未来へのビジョンがないのもダメ。僕らは何ごともあきらめず、柔軟に考え、行動しなければならないんだと思う。永遠に失われた風景があるとともに、復活しつつある風景もある。やはり田んぼは、僕にとって特別な場所のようだ。

ため池

稲作中心の日本の農村では、とにかく田んぼに安定して水を供給することが大事だ。雨がよく降り、大きな川が流れているなら、水を得るのは比較的簡単だが、雨が少なくて、大きな川もないエリアでは、水を得るために相当な工夫とたいへんな労力をかけてきた。それがため池である。

四国では、特に香川県にため池が多い。若かりしころの僕は釣りに熱中しており、ブラックバスを求めて隣の香川県のため池を渉猟していたのであった。釣りという趣味はたいへん利己的なものだ。よい釣り場を得ることが釣果に直結している。誰も知らない（正確には、誰かが過去にブラックバスを放流したが、その後忘れ去られて放置された）池を見つけるのはすばらしいことである。ルアーを見たことのない純真な魚たちは我先にと偽物のエサにかぶりつき、僕を喜ばせるのだ。

しかし元来、ため池は釣り人の便宜のためにつくられてはいない。

アメリカの湖で釣り上げた大物のレイクトラウト。釣り人の密度がとても低いアメリカでの釣りは、赤子の手をひねるようなものだった。

田んぼに送るための水を供給するのが本来の目的だから当たり前だ。だから釣り人は、ときには崖を降り、ときには藪を切り開いて、なんとか水辺に出なくてはならない。僕のアウトドアでのサバイバルスキルは、このような実利的な場で大いに訓練されたといえよう。

釣り場を独り占めするため、僕は安く小さなゴムボートを入手した。お金があればちゃんとしたボートを買うのだが、ただ貧乏で釣り好きな若者だった僕は、これを軽自動車に積み込んでどこへでも出かけたものである。

船があると釣りは一変する。魚の潜んでいそうなところにそっと近づいていき、静かにルアーを投げてそろりそろりと巻き上げると、魚がおもしろいように釣れる。誰もボートなど使わない小さな池ではもう無敵である。

こうして僕は、魚という生きものが何を考え、どの時間帯にどこにいてどんな獲物を狙っているのか想像を膨らませることができた。その仮説を試すためにルアーを投げる。これを繰り返すことは、さながら科学の実験だった。観察と実験を繰り返すことで、僕のなかには魚についてのデータが蓄積され、それは自分なりの法則へと収れんしていったのである。まさに、人間が生きることは研究そのものなのである。

魚についての知見を増し加えた一方で、僕は水辺の環境にも興味を持つようになった。ため池は、本来は農業のためにつくられた実利的なものではあるが、その副産物として、多くの水辺の生きものをはぐくんでいる。フナ・メダカ・アメリカザリガニをはじめとして、これらを狙うシラサギ・アオサギの類、そして季節によってはカモなども飛来する。山あいのため池にはタヌキなどの哺乳類も姿を見せる。とてもおもしろい場所なのだ。

いい釣り人になるためには、池の環境をしっかり理解する必要があった。水深や底の地形、流れる水の方向やスピード、水温や透明度。多くの物理的条件が魚の居場所や立ち寄りポイントを規定するので、それを把握することが大事なのである。夏場でも水がひんやりとして透明度が高い場所、そして目を凝らすと水底の砂がぽこぽこと踊っている。湧水だ。よくルアーが引っかかる場所がある。よく見ると、誰かが捨てた自転車が転がっている。

このように池の環境は多様であり、魚たちはその環境で生き抜くためのベストを尽くしている。そして彼らを釣り上げるため、僕もベストを尽くしている。よく考えるとシュールな状況だが、魚も僕も必死である。もし見かけたら、そっとしておいてほしい。

ブラックバス

僕は自戒を込めてこの文章を書いている。いまは生態系の悪者として扱われている魚、ブラックバス。しかし若かりしころの僕は、この魚を釣り上げることに熱中していた。病的と言っていいほどに。

生まれ故郷の徳島県は稲作がさかんであり、多くのため池や用水路が存在していた。豊富な雨を受け止める川があり、その水を利用するためのダムがあった。身近に水辺がたくさん存在していて、その多くの場所に、ブラックバスは存在していた。

そしてそのころ、20代前半の僕は、おもしろくない暮らしをしていた。自然についての漠然とした興味はあったが、家庭の事情で大学進学はかなわなかった。やりがいのある仕事があるわけでもなく、お金があるわけでもなく、ただ、有意義な使い方の見当たらない時間とやり場のない気持ちのモヤモヤだけを抱えていたのであった。

田舎の常識として、ともかく車は持っていた。車がないとバイトもできないし、買い物もできない。知り合いの解体屋さんから廃車寸前の軽自動車を5万円で買って、故障したらまた次に乗り換えるみたいな車ではあったけれど。

こんな感じで、ブラックバス釣りにのめり込む環境は整っていた。いま思えば、健全な趣味という感じではなかったかもしれない。生きづらさを抱える人がギャンブルとかお酒とかにのめり込むのとよく似た、いささか不穏な雰囲気をまといつつ、僕は釣りをしていたように思う。ともかく、釣りをしていたら嫌なことは忘れられた。釣りの準備をしながら、明日行く釣り場のことを妄想していればハッピーな気分になれていた。なんらかの意味で釣りは僕を救っていたのだとは思う。

さて、ルアーを使ったブラックバス釣りというのは、わりと能動的な釣りである。エサ釣りの場合は、水中にエサを投入したのちはじっとウキを眺め、魚が食いつくのをひたすら待つのが一般的だが、ルアーの場合はただ待っていてはいけない。水中に放置しているだけのルアーは、ただのプラスチック片にすぎない。ルアーは動かしてはじめて、魚を魅惑する特定の振る舞いをするように設計されているのだ。というわけで、ルアーを投げてはリールで巻き、また投げるという動作を延々と繰り返すのがルアーフィッシングである。

釣果を挙げるためにはいろいろ頭を使う。どの場所で釣りをするか。魚がいる場所は季節や天気などの複合的な要因の影響を受けて刻々と変化する。同じ湖でも、先週たくさん釣れた場所なのに今日はさっぱり、なんてことはざらなのだ。さらに、その場所で使うルアーは何にするかを考える。そのときブラックバスが暮らす水深がどのくらいで、どんなエサを食べているか、などが判断材料になる。

ブラックバスは、水中の特定の物体のそばに潜むことが多い。水中の倒木とか水草とか、ときには投棄された自転車などのそばが落ち着くのかもしれない。だから、すみかのすぐそばにルアーを通すというテクニックも重要になる。慣れてくると、10メートル先の空き缶にルアーを命中させられるくらいのコントロールを身につけることができる。こんな感じで、釣りには考えるべきこと、勉強すべきこと、修行すべきことが山ほどあり、僕は数年間という時間を忘れることができた。

しかしよく考えると、ルアーって変なものだ。たしかにリアルな小魚の色と形を模したものもあるけれど、自然界には存在しない奇抜な形や色を持ったものも多々ある。よくこんなものに食いつくなあと感じていた。そして、リアルなルアーよりも、奇抜なルアーのほうがよく釣れることが多々あった。それは現場の状況とか魚の気分とか、いろんなものが要素として関係していたようだ。魚が活発にエサを食べているタイミングではリアルなルアーが効果的で、ボケッとしているときは奇抜なルアーがよい気もする。

魚は必ずしも空腹でルアーに食いつくわけではなくて、「せっかく休んでいるところをジャマしやがって！」という感じで、怒りの表現としてかみついてくることもあるように思う。実際、僕の釣り歴で最大のブラックバス（体長54センチメートル）は、まぬけなほど馬鹿でかく水面をぴょこぴょこ動くタイプのルアーで釣り上げたのである（ブラックバスという魚は非常にアグレッシブで悪食家。水中の小魚だけじゃなく、カエルとか、水面に落ちた昆虫とか、小鳥とかまでも餌食にしてしまう）。

水面で浮くタイプのルアーはトップウォーターとよばれ、この釣り方の愛好家も数多い。水面でルアーを動かすので魚が食いつく瞬間が見えるのは楽しいが、その半面、なかなか釣れない。ルアーフィッシングのなかでも特にマニアックな釣りなのだ。

ブラックバス釣りは矛盾に満ちている。キャッチアンドリリースで、釣ること自体を楽しむレジャーフィッシングである。食べるためにする釣りではクーラーボックスとか氷とかの用意が必要だが、キャッチアンドリリースならその心配は不要だ。そして生きものを殺すという罪悪感から逃れることもできる。だから釣り人はしばしば「魚と遊ぶ」という表現をしたりする。しかし遊んでいるのは人間のほうだけで、魚はエサを食べようと必死になっているところを釣り上げられる。

命までは取られないにせよ、くちびるに針を引っかけられて水中を引きずり回されるのである。いい迷惑としか言いようがない。しかし、ブラックバスは日本から絶滅するどころか、いよいよ分布範囲を広げ、日本の淡水生態系の支配を強めているのだから、彼らの健康に与える影響は、まあ大丈夫といえば大丈夫なのかもしれない。しかし相手の苦痛と引き換えの「遊び」をするのはいささか悪趣味である。当時もうすうす感づいてはいたけれど、考えることから逃げていた。

僕にとってブラックバスは、征服すべき相手であると同時に、愛と興味と畏敬の対象であった。日本で古来、マタギがクマを捕まえて食べるのと同時に、愛し敬い、神として扱ったのにも似た感情だと思う。日本だけじゃなく世界でも、狩猟採集民は、獲物を征服すると同時に神として扱うことがよくある。アメリカ先住民などもそうらしい。

現代人が趣味としてする釣りなんて、取るに足らないものかもしれないけれど、なんとなく原始の人びとの考えを体感できたのには価値があったと思う。獲物を捕まえて殺すことがハンティングのゴールだが、よいハンターになるためには、獲物を愛し敬わなければならない。この矛盾がまた興味深いのである。

ハンティングという視点で考えると、弓矢や猟銃、あるいはトロール漁船の網で行なう狩猟と、わなや釣り竿で行なう狩猟は、タイプが少々異なるように思う。前者は力と力のぶつかり合いである。人間が勝てば相手を獲物とすることができる。後者には、獲物をだますというプロセスが入ってくる。獲物には、釣り針に食いつくかどうかの自由がある。たとえはわるいが、前者は強盗のような強力犯で、後者は詐欺のような知能犯だ。魚との知恵比べを醍醐味と感じるところが釣り人のメンタリティなのかもしれない。

僕の場合、魚についての興味が高じて大学進学を決め、生物学を勉強することにした。魚との知恵比べで負けたくない、愛する魚のことをもっとよく知りたい、なんて動機で大学に入って生物学を学び始めた。まったく不純である。しかし、もっとすごい釣り人になろうという利己的な情熱がきっかけとなり、ふてくされるだけの生活から抜け出すことができたのは事実である。人間、なにがきっかけで人生が変わるかわからない。つまらない遊びでも、全力でやるのは何かの役に立つかもしれないのである。

クズに覆われる

日本の里山の荒廃が叫ばれて久しいが、その象徴的な植物のひとつにクズがあると感じている。竹林の拡大もまた別の大きな問題だけど、ここではクズについて考えてみよう。クズは**ツル植物**。ツル植物の生きざまは特徴的だ。植物は上へ上へ伸びようとする。それはライバルよりも背が高くなることでたくさん光合成するためなのだが、ツル植物は少々ずるがしこい戦略を持っている。

太くてかたい幹で自立することをあきらめて、ほかの植物でも建物でもフェンスでも電柱でも、とにかく上に伸びている何かに依存することで、手っ取り早く高さを確保するのだ。ほかの植物よりも日当たりのよい「特等席」を確保できるので、どんどん光合成ができる。光合成で得られた有機物を使って、また新しい葉やツルや根っこを伸ばすことができる。ほかの植物と違い、太くかさばる幹をつくらずに済むんだから、まことに効率的な生き方である。だから、クズがひとたび繁茂すると、その場所のほかの植物を圧倒してしまう。

日本の里山では、このようにクズに支配された場所をよく見かける。クズの葉っぱやツル自体は冬になると枯れてしまうが、夏の間の光合成で得られた炭水化物は地下茎（ちかけい）にせっせとため込まれており、翌春になるとすごい勢いでツルを伸ばしはじめるから、まことに始末に負えないのである。

クズは日本に土着の植物である。古くから日本人の生活になじんでいたが、最近になってやたらと里山にはびこるようになった。それには、農村ではお決まりの過疎化・高齢化で、里山の手入れをする人が減ったという理由もある。

さらに、むかしはクズの根っこを掘って葛餅をつくり、ツルを縄にしたり繊維を取ったりといろいろな利用をしていたのだが、最近はそんなことをする人はほぼいなくなってしまったということもある。１００円ショップに行けば便利で丈夫なビニールひもが買えるのに、わざわざクズを縄として使ったりはしないということだろう。

ちなみに外来種問題というと、とかく日本は被害者という意識を持つことが多い。たしかに日本は島国であり、島国は大陸と比べて外来種問題の被害者になることが多い。しかしそれはいつでもそうだというわけではなくて、ときには日本から出た生物が海外で外来種として問題を引き起こすこともある。

クズは、その成長の早さを買われ、日本からアメリカに持ち込まれた。ひとむかし前まで、世界の人びとは外国産の植物をありがたがっていた。アメリカに自生する植物にはないくらいの勢いで旺盛に繁茂するクズは、荒れ地の緑化などに活用されていたのであった。しかしクズは、すぐに人間のコントロールを逸脱してしまった。いまではアメリカのいたるところに自生するようになってしまい、アメリカ人を悩ませている。

日本では、アメリカからやってきたセイタカアワダチソウやオオキンケイギクが問題となっている。同様に、アメリカでは日本生まれのクズが問題となっている。外来種問題はお互いさまなのである。

生活様式と食生活の変化で悪者になってしまったクズ。しかし、無理やりむかしの生活に戻すよう、人びとを強制すること

クズの成長スピードには目を見張るものがある。ほんの数日止めておいただけの自転車がツルにからめとられていることも。

はできない。なんでもむかしみたいにやろうというのは現状維持バイアスであり懐古趣味であり、それを現代人に押し付けるのはよろしくないとは思う。特に専門家が気軽に文明批判をするのはあまりいいことだとは思わない。それでもどうにかして、資源としての潜在的な価値のあるこの植物をうまく利用し、適正に管理できればいいなと思ってしまう。

たとえばクズの根っこを掘って葛餅を自作するという趣味が流行ったりしたら。こういう妄想をするのは楽しいけど、実際に掘り出すのは想像以上の重労働なので、やりたがる人はなかなかいないだろう。さらに、掘り出した根っこを粉として精製して……。葛餅が口に入るまでにはいろいろな手間がかかる。現代人はそういう手間をショートカットして生きているんだけど、たまにはすべてを自分でやってみるという経験は、ありなのかもしれないと思う。

誰かこの状態を、うまく解決してくれないだろうか。期待されているのはデザイン思考だと思う。誰かが困っていることを解決し、できればその副産物で誰かの喜びを創造する、みたいな。環境問題は、規制とか強制とか義務とかのルールでは根本的な解決はむずかしいと思う。誰かの罪悪感や使命感に訴えて自己犠牲を強いるようなやり方もまずい。みんながハッピーになるようなナイスアイデア、一緒に考えてみたい。

荒れ地の植物と遷移

生物が生きていくために、炭水化物とたんぱく質は欠かせない。植物は**光合成**をして空気中の二酸化炭素を炭水化物（ブドウ糖やでんぷんなど）に変換する能力を持っている。これは動物である我々人間から見たら途方もなくすごいことで、じっとしているだけでご飯やパンが生まれてくる、みたいなことだ。しかし残念ながら、生物は炭水化物だけでは生きられず、たんぱく質も合成することが必要になる。たんぱく質の原材料はアミノ酸であり、その構成要素として窒素が不可欠。窒素は大気中にいくらでも存在する（大気組成の約80%は窒素なのだ）が、気体である窒素を、生物が吸収できる栄養分の形に変換するのはむずかしい。そのため、大部分の植物は、すでにその場所の土壌に存在していた窒素を利用することで、必要なたんぱく質を合成している。

ここで疑問が生じないだろうか。別の植物が暮らしていた場所ならば、そこの土壌は落ち葉や枯れ枝などで覆われていて、これらを微生物が分解すれば栄養分が解き放たれ、植物はそれを

ヤシャブシの木立。特徴的な丸い実が確認できる。

吸収することもできよう。しかし、もともと植物が生えていなかった場所には、先代から受け継がれた養分は存在しないのではないだろうか。そんな場所でもやがて植物に覆われていくのだが、いちばん最初にそこに定着した植物はどうやって生きていたんだろうか。

その答えのひとつが、生物による**窒素固定**である（別の答えとして、カミナリで放出される巨大なエネルギーによって固定される窒素もある）。窒素固定とは、大気中の窒素を、生物が利用可能な栄養分の形に変換することだ。少数派だが、窒素固定の能力を持った植物は存在し、彼らのおかげで荒れ地に栄養分が蓄積されていくのだ。

たとえばマメ科の植物。マメ科の植物は草の場合もあるが、樹木になることもある。マメ科の植物は荒れ地を肥沃な土地にするために植えられることがある。レンゲソウやアカシアなど。しかし彼らは外来植物なので、問題を起こすことも多い。もともと荒れ地での生存に長けているので、日本の生態系をおびやかすこともあるのだ。ちなみに厳密にいうと、マメ科の植物そのものが窒素固定をしているのではなく、この植物と共生関係にある微生物が窒素固定をして、植物に渡しているのである。

日本に古くから生息する窒素固定植物もある。ハンノキやヤシャブシとよばれる灌木で、植物分類的には*Alnus*属に分類される。この植物はとても目立つ実をつけるので、いちど覚えると、野山でよく目につくようになる。彼らは灌木なので、まわりに背の高い木が生えていると、日かげになってしまい生きていけない。その代わり、栄養分の少ない場所でも自分で窒素固定ができるから、荒れ地とか道端とか、工事のあと数年経った場所とか、日当たりのよい荒れ地が得意なニッチ（103ページ参照）となる。

ハンノキやヤシャブシを見かけたら考えてみよう。彼らはこういう環境でうまく生きられるように進化していること、そして生物は、自分の得意なニッチで暮らしているということを。

空地と雑草のAlmanac

かっこつけて「almanac」という横文字を書いてみた。これは日本語に直訳すると「暦」とか「年鑑」。しかし僕にとっては、少しだけ言外の意味を持っている。季節によって律されるリズムとか周期性とか繰り返すパターンとか、そういう法則めいたものが存在することをにおわせるような単語だと感じる。そういう感覚を得るきっかけとなったのは、ある本との出会いだった。

世界の環境保護の歴史を考えるときに外せないのがアルド・レオポルドという人で、彼の代表作は『A Sand County Almanac』という書籍である。これは、レオポルドがウィスコンシン州の自宅の周辺の自然について語ったものであり、長年にわたって自然を観察し、そこから生まれた哲学や法則をエッセイの形でまとめたものだ。

ちなみにこの本は、日本では『野生のうたが聞こえる』というタイトルで訳されているが、いささか原著の雰囲気と相いれないような気がしている。原題を直訳すると「サンド地方の年鑑」みたいなドライなタイトルになる。事実を淡々と述べ、それを積み重ねた書物。この静謐な雰囲気が原著の魅力だと思う。それに比べ、日本語タイトルは少々、自然保護に前のめりすぎる気がしてしまう。

さて、ウィスコンシン州というのはアメリカ中西部に位置し、冬はかなり寒くなるのだが、どうしようもなくワイルドな場所というほどではない。ウィスコンシン州よりももっと過酷な場所はアメリカにいくらでもある（僕が約4年を過ごしたワイオミング州はそのひとつだ）。無理やり日本で例えるなら、福島県の会津盆地あたりが思い浮かぶ。冷涼な穀倉地帯。といっても、環境はそれほど過酷ではなく、都会へのアクセスが絶望的にわるいわけでもない。手つかずの原生林が果てしなく広がり、野生動物が自由に闊歩するアラスカ州のようなワイルドさではなく、のどかな田園風景が広がる場所なのだ。

このような自然と長年付き合って、自然のリズムを観察し、その法則性から、人と自然のかかわり方や人間の倫理にまでおよぶ哲学をつづったのがこの『A Sand County Almanac』なのである。自然界の真理は、どこか遠い国にある野生生物の楽園みたいなところではなく、むしろ身近なところにある。僕もそんなふうに思う。この本には、自然を尊重し、自然に驚嘆し、自然を守ることへの静かな熱意があふれているのだが、それと同時に、人間の性とかエゴとかが存在することも素直に認め、現実的な落としどころを探ろうとしているのがたいへん興味深い。

環境保護活動の思想は多様で、なかには「人間は存在そのものが害悪で、自然保護は何モノにも優先する」みたいな過激な思想もある。これと比べるとレオポルドの思想は穏健だ。しかしそれは決して妥協が生んだものではなく、彼が到達した哲学的な答えというのがふさわしいと思う。


さて、21世紀の現代日本でも、身のまわりの自然を観察しているとリズムがあり、法則がある。何の変哲もないいつもの空き地に、毎年決まった時期になるとその花が咲き、やがて枯れる。僕らが意識しようとしまいと、こういう繰り返しこそが自然の営みなのだ。少々かっこつけて語ってみたが、僕はこんなふうに思っている。

近年、日本の生態系は外来生物によって脅かされている。そしてその脅威は、片田舎の空き地のような場所で特に顕著に見られる。原生林が守られているような場所ならば、そもそも外来植物の種子が持ち込まれる機会もあまりないし、もし種子が持ち込まれ発芽したとしても、彼らが利用できる光やら水やら栄養やらはすでに土着の植物によって使われているから、外来植物が定着できるようなニッチ（103ページ参照）はあまりない。

ところが、片田舎の空き地はすきだらけだ。人間が何かに利用しようとして更地にしたのだが、その後、事情が変わって何にも利用されていない場所が空き地である。そこを田畑にしていたなら、雑草がそれほど生い茂ることはなかっただろう。そこに家を建てていても、雑草がはびこるスペースはなかっただろう。

何にも利用されていない更地があると、植物たちは「よーいドン！」で一斉に成長をはじめ、その場所を自分のものにしようとする。かくしてその結果として、成長が早く貪欲に葉や根を伸ばす外来植物が圧勝するという図式が、日本のおびただしい数の片田舎の空き地で発生しているのである。

そんな場所を眺め、僕は生態学者として「人と自然の関係って何だろう?」という哲学的な問いについて考えている。外来生物が根絶されて100%「純国産」の自然が戻ることなんていまさら実現できない。しかし、外来種だらけになってしまった日本の自然に絶望して、興味をなくしてしまうわけでもない。

そもそも生物に「よい生物」や「わるい生物」なんてないと僕は思う。人間がある目的のために自然を利用してやろうと考えるときに、その人にとって「役立つ生物」「役立たない生物」はいるかもしれないけど、根本的に生物の存在そのものに善悪なんてない。いま日本で猛威を振るっている外来植物にもふるさとがあり、そのふるさとで生活するぶんには誰からも批判されたりしない。ところが人間がその植物を日本に持ち込んでしまったため、「悪者」として駆除の対象になってしまったのである。

外来植物にとっての日本の自然環境は、そのふるさとの自然に似たところもあり、違うところもあることだろう。彼らは彼らなりに、新しい環境に適応してうまくやろうと全力を尽くしている。それが奏功して日本の空き地を席巻している。僕はこういう現象をニュートラルな視点で眺めている。ある種の達観というか、諦観なんだろうか。

早春の空き地は、オオイヌノフグリやヒメオドリコソウなど背の低い外来植物が可憐な花を咲かせる。本格的に暖かくなってくると、ハルジオン・ヒメジョオン・オオキンケイギクなど背の高い植物が目立つようになる。

夏になると、アレチヌスビトハギやオオアレチノギクなど不穏な名前を押し付けられた植物たちが成長し、繁茂し、開花する。その脇でどんどん背を伸ばしているのがセイタカアワダチソウで、彼らは秋になると一斉に開花し、空き地を金色に染めるのである（その名もゴールデンロッドという植物の仲間なのである）。

8月のある日、奈良県明日香村を旅していたとき、こういう光景が目にとまった。外来種の雑草を中心とした植物が多種混在しており、あるものは花を咲かせ、別のものは成長の途上であり、ほかのものはすでに花期を終え、種子をつけている。多くの観光客がこの場所を訪れているはずなのに、誰もこの光景を意識していないように思った。付近には、高松塚古墳やらキトラ古墳やら、日本古来の歴史ロマンにあふれたスポットがごまんとある。そして、とある遺跡の脇の空き地が次のページの写真である。遺跡は公的で貴重な記念物として、国や自治体によって手厚く保護され、管理されている。しかしそこから数メートルしか離れていないこの私有地は、管理する人もなく、雑草たちが思い思いに成長し競争している場所なのである。古代もここは空き地だったんだろうか。そうしたら古代の人たちも、この場所に腰掛け、植物を眺めていたのだろうか。現代になって、植物の種類は大きく変わってしまった。この場所も、当時の人が知らない植物たちで埋め尽くされている。

もう過去には戻れない。それは、近現代の外来種問題においても、古代における渡来人とか金属器や稲作の伝来などにおいても真実であろう。

この場所はこれまでに何度か、このような不可逆な変化の影響を受けてきたことだろう。毎年繰り返す季節のリズムにおいても、人間が繰り返す文化・産業・生物の移入においても、なんか世界の真実みたいなものを少しだけ垣間見た気がして、僕はカメラのシャッターをそっと押した。そのとき思い浮かんだのが、「空き地と雑草のAlmanac」という言葉である。

インタビュー◎3

イメージの手ざわり

写真家が大学院で絵画を勉強して考えたこと

新津保建秀
（しんつぼけんしゅう）
1968年東京都生まれ。写真家。東京藝術大学大学院美術研究科博士後期課程修了。博士（美術）。近年の主な展覧会に、2020年「さいたま国際芸術祭2020」（埼玉県さいたま市）、「隈研吾／大地とつながるアート空間の誕生 — 石と木の超建築」展（角川武蔵野ミュージアム、埼玉県）、「9 Posters」（タリオンギャラリー、東京都）、2017年「Object manipulation」（statements 東京都）「北アルプス国際芸術祭2017」（長野県大町市）など。著書『\風景』（角川書店）、『記憶』（フォイル）など。

2019年度に東京藝術大学大学院美術研究科油画研究領域で博士号を取得した写真家の新津保建秀さん。順調なキャリアの道のりのなかで、けっこうな年になってから(失礼!)進学を決意した彼。大学院で学ぶことは、彼に何をもたらしたのだろうか。芸術分野の人が自然などの事象を捉える目のツケドコロについて聞いてみた。筆者は、芸術と生物学は、じつは根底では同じ問いの答えを探しているようにも感じた。

――大学院では、どのようなことを学ばれたんですか?

僕が在籍していたのは油画第七研究室というところです。多様な絵画表現に取り組む友人たちのなかで、ドローイングの制作過程で心の中に立ち現れるイメージと、写真によって捉えられるイメージに通底するものについて研究していました。そこでお世話になったのがO JUN先生です。O先生は画家で、油画科の教授をされている方です。

――プロの写真家である新津保さんが、写真ではなく絵画の研究室を選んだのは、O先生の存在があったからなんですね。

O JUN先生の作品との出合いは約30年前にさかのぼります。僕が20歳ぐらいのころ、たまたま立ち寄ったギャラリーの紹介で、O先生の自宅の庭先で行なわれていた絵画のパフォーマンスを見ました。絵というよりも、イメージそのものへの向き合い方が、当時の私にはまったく理解できない状態で提示されていたのです。それからすごく時間が経ってから、あのときに先生がなさっていたのはどういうことだったのか？　と、自分が写真のなかで探ってきたことと対比させて考えるようになったんです。

——すでに写真家として十分なキャリアを持っていた新津保さんが大学院で学ぶことを選択した理由はここにあったんですね。パフォーマンスを見たときの感動がこころのなかにくすぶり続け、長い年月を経てO氏の元で学ぶことを決意させたというのは興味深いです。

10代のころは写真ではなく絵を描いていました。美術大学の受験のため実技指導を行なう予備校に通ったこともあるのですが、そうした場の雰囲気が合わず、独学で映像と写真を学ぶことを選びました。それから20代半ばまでアルバイトをしながら、8ミリフィルムによる映像作品を制作する過程で撮影技術を習得し、写真家への道を切り開きました。

――その後の活躍はめざましかったですね。

でも、長く気になっていたことを取り組み直す決意を固めて、40代半ばから描いた絵を見直すこととドローイングの制作を再び始めました。受験の準備に際しては、ＳＮＳを通じて作品を知り友人となった画家、興梠優護（こうろぎゆうご）さんの存在が大きかった。興梠さんは高校生のころ、僕の写真作品を模写していたといいます。彼の助言が受験勉強の支えとなりました。仕事の合間をぬって一緒に画材を買いに行き、提案してくれた課題に取り組む日々でした。

――大学院での5年間で得たものは？

Ｏ氏や研究室の仲間とのディスカッションを通して、あいまいなものに輪郭を与えていくような作業でした。その日々は、写真家を長年やってきた僕にとっても、対象物のイメージを得るための新たな視点を学ぶ歳月だったと思います。

僕が在籍していた第七研究室は、留学生や、留学から戻ってきたばかりの学生が多く、彼らや他の研究室の先生方や学生たちとの交流のなかで、イメージというものへの考えがゆるやかに変わっていった気がしています。それ以前は、イメージというのは、どこかに出かけて、その場所でつかんでくるもののような気がしていたんです。でも、そこでの制作と対話のなかで、イメージは単にその場所から取って持ってきて完結するものではなくて、その前後の時間を含んだものであると実感するようになった。カメラという機械を介して風景を捉えることを長くやってきたのですが、一旦それを傍らに置き、自分の身体と画材を介して風景に向き合うなかで、イメージに対する考えがすごく変わった気がしています。

——これまで、カメラで目の前の一瞬を切り取ることで定着させてきたイメージが、絵画のアプローチをヒントに時間軸を得て、こころの中で醸成されるようになったのかもしれませんね。写真として切り取られた一瞬のなかに、過去の歴史の意味を考えるようになったのですね。

ところで、アイドルや女優を撮影したポートレート写真で有名な新津保さんですが、建築家の槇文彦さんや隈研吾さんの作品を撮った写真集など多彩な作品を手掛けておられますね。そんななか、最近気になっていることは?

循環というか、変化の周期というものに興味があります。自然のなかの大きな周期、目の前にいる人や社会の周期について考えていますね。

人の営みのうちにある季節のようなサイクルについては、世阿弥やシュタイナーも著書のなかで言及していて、洋の東西を問わず、そのことに行きつく人がいるのは、普遍性・法則性があるのではないかと考えるようになりました。

どんなに人気を誇る音楽家や芸能人であろうと、表現に取り組む過程では必ずさまざまな季節を乗り越えていきます。冬に見えていても、春への新たな兆しが垣間見えたり。こうやって人の営みや社会も、循環しているような気がして。「いま、この人はどのターム（季節）にいるんだろう」と思いながら、被写体にアプローチしています。

マスメディアのなかで求められる女優やアイドルのポートレートで多いのは、受け取る人が感情移入できるように疑似恋愛的な親密な関係性をつくって撮っていくアプローチです。自分の場合は、それには抵抗があるので、風景を撮るように人を撮ったりしますね。その一方で、ポートレートを撮るように、建築物などを撮ることもあります。そうやって、被写体と対峙したときに生まれる先入観をちょっとずらすこともあります。

自分の思い入れを持ちすぎないように。でも思い入れが入ったほうがいいこともある。被写体と対峙しながら行ったり来たりして、ちょうどいい距離を探していきます。でもやっぱり人物を撮るのはむずかしいですね（笑）。

――作品制作へのモチベーションはどこから生まれますか？

小学生のころに毎日のように通っていた橋の上から眺める光、四季の移り変わり。そのときの記憶がすごく残っていて、いつか形にしてみたいと思っていました。

――大学院で学んだことでイメージの捉え方が大きく変わったいま、新たな探求やライフワークはなんですか？

（ゆっくりと言葉を選びながら）写真とかイメージになる直前、かつてO先生から発せられた「描きの半歩手前」……、いわば「半ナマ」のイメージをどうやって「むき身」の状態で立ち上げることができるのかなと。視覚とか聴覚とか、五感に分節化される前のなにか……。それは触れるのか、見られるのかわからないですけど、そういうのを探ってみたいですね。

――具体的な形になる前のイメージに触れられるのならば、それはどんな形で、どんな手触りなのだろうか。生物学者としての筆者も似たような感覚を持っています。自然の摂理を研究し、それを言葉や数式で発表するのが筆者の仕事ですが、万人に知覚できる形で表現した瞬間、生物の持つナマナマしさが失われるような気がしてしまいます。言葉になる前のゾワッとする感覚。そんなイメージを捉えることができたとき、新しい表現が生まれるのかもしれません。このインタビューを通して、新津保さんの並々ならぬ探求心が大学院での研究に駆り立てたのかもしれないと思いました。人は一生学び、考え続ける存在なのかもしれませんね。

大学院で学ぶことで、作品制作の新しい視点を手に入れた新津保さん。その経験は芸術家としての進化をもたらす大きなターニングポイントとなった。何歳になっても学ぶことをあきらめる必要はない。そのタイミングが訪れるのも人それぞれだろう。何かを探求して見つけることの大切さを切に感じ取ったインタビューだった。いま、自分に問いかけてみる。「あなたのライフワークはなんですか?」

第6章

森を歩いて

奥入瀬の森を歩く

繁華街の雑踏の足元にひっそりと、誰にも注目されずに営みを続ける生態系も大好きな僕だけど、自然のままの営みが守られている原生林ももちろん好きだ。日本は森の国だから、全国各地にいろんなすてきな森があるけれど、僕のこころを特別とりこにする森がいくつかある。特に印象に残るのが、青森県の奥入瀬（おいらせ）渓流だ。

日本列島は南北に長い。沖縄本島を中心とした南西諸島には亜熱帯の島しょ性の生態系がある。北海道の生態系は、はるかシベリアからつながる亜寒帯性のものだ。そして、日本列島のボリュームゾーンである本州・四国・九州には温帯の生態系が存在している。

温帯の生態系を大きく分けると、暖かいほうの暖温帯と、寒いほうの冷温帯がある。暖温帯は冬もそれほど寒くならないので、常緑樹を中心とした森になる。冷温帯は、夏はそれなりに気温が上がるが、冬は雪が積もったり氷が張ったりする四季のはっきりした生態系。広葉樹は落葉性のものが中心である（ちなみに日本で見かける針葉樹は、スギ・ヒノキ・ツガ・モミなど常緑性のものがほとんどである。数少ない落葉針葉樹としてはカラマツやメタセコイアなどがある）。日本古来の絵画に描かれているような、四季の花鳥風月のおもしろさは冷温帯に見られるともいえよう。たとえば秋の紅葉で僕らの目を楽しませてくれるモミジやカエデは、冷温帯の森に多く自生している。

そんな冷温帯の自然のうつくしさを体現している場所だから、奥入瀬は僕にとって特別な場所になったんだと思う。奥入瀬があるのは本州最北端の青森県。さらに標高も高い場所だから、日本的生態系が維持されるぎりぎりの場所だといえる（青森県でも、もう少し標高が高くなると、八甲田山や岩木山のような亜寒帯型の生態系に変わる）。そして限界ぎりぎりの場所だからこそ、日本的生態系のおもしろさ・うつくしさなどが凝縮されていると勝手に考えている。

太古の火山の噴火でできたカルデラ湖である十和田湖から奥入瀬川が流れ出す。この川によってけずられてできたのが奥入瀬渓谷だ。奥入瀬川の特徴は、水量が比較的安定していること。ふつうの川は雨が降ったら増水し、日照りが続くと渇水になる。もちろん奥入瀬川もこのような雨の影響を受けないわけではないのだが、巨大な水タンクである十和田湖が雨水をいったん受け止めてから奥入瀬川に流すので、四季を通じて水量が比較的安定しているというわけだ。

水量が安定しているということは、川のすぐそばでも植物は安心して成長できるということ。コケや草花もそうだし、一人前になるまで何十年もかかる樹木もそうだ。こうして奥入瀬渓谷は、いろんな植物が豊かな水の恩恵を受けながら存在できる貴重な場所になった。

生態学者という職業がそうさせるのか、僕は散歩していても、生物の身になって考えるという癖が身についてしまっている。奥入瀬渓谷の草木やコケの立場になって、いろいろ妄想しながらこの場所を歩くのが好きだ。そして、植物の立場になってみると、ここの環境の多様性に驚く。

まず光の当たり方がとても多様だ。ほんの少し歩を進めただけで明るさが大きく変わる。ずっと単調な植生が続くスギの人工林などとは大違いである。これには、谷底を蛇行しつつ流れる奥入瀬川の影響が大きいだろう。もし川がなかったら、すべての空間が樹木によって閉ざされ、光環境は均質化したかもしれない。しかし、川面に樹木が育つことはできないから、必然的に川の上部に空間が生まれ、光が差し込んでくるのである。この光の通り道のおかげで、地面近くに存在する小さな草花や、シダやコケまでもが生育できるのだ。奥入瀬の森のなかの光は複雑で、時間帯によっても大きく変化する。多様な光環境は多様な**ニッチ**（生物の居場所）をつくり出すので、奥入瀬は生物多様性が高いのである。

そして渓谷の地形も、植物の多様性を大きく上げている。谷底にはクルミの木など湿った環境を好む樹木が生育しているが、そこからほんの10メートルほどしか離れていない斜面には、水はけのよい環境を好むブナやミズナラが存在する。このように、植物の生活必需品である光と水に着目すると、彼らの暮らしの多様性が感じられるようになる。

視線をコケに移してみよう。常時水しぶきがかかっているような湿った場所にも、路傍の岩にも、倒木にも、そして生きている樹木の幹にも、多くのコケが着生している。湿った場所を好むコケにとって恵まれた環境なのは、渓谷を勢いよく流れる渓流が大気中の湿度を上げ、小さな飛沫を供給しているからだ。そしてよく見ると、コケにもいくつもの種類があり、それぞれ好む環境が異なることがわかる。

たとえば一本の樹木に注目した場合、日当たりのよい幹の南

側と日当たりのわるい北側とでは、着生しているコケの種類が大きく異なる。そして根元付近と幹の上部でも、やはりコケの種類が異なっている。コケはとても小さな生物だから、人間にとってはわずかな場所の違いでも、彼らにとっては大きな違いなのである。

生態学者は、このような生物にとっての生育環境の違いを、**微環境・微地形・微気象**(microclimate)などの言葉を使って表現する。「青森県十和田湖周辺の年平均気温は何度、年間降水量は何ミリメートル……」などと表現するのは一般的な気候(climate。ときにmacroclimateと表記されることもある)で、これはその場所にどんな生態系が成立するか予想する際にたいへん重要な要素なのだが、実際の生態系には、これだけではわからないミクロな環境がある。一本の樹木の北側と南側で日当たりが異なるような、数十センチ・数センチスケールでの環境の違いを考えることで、僕らの研究は深まる。

さらには、数メートルから数十メートルの違い、たとえば谷底と斜面の環境の違いによっても生育する植物は異なる。森を歩いていて、ちょっとした坂道を登りきると急に空気が変わり、風を感じることがある。そこは風の通り道なのかもしれない。そして、谷底では見かけなかった種類の花が、そこに咲いていたりするのである。

ネコは、冬は家のなかでいちばん暖かい場所、夏になるといちばん涼しい場所を探して寝ころぶ。このように動物たちも、場所が少し違うだけで環境が大きく異なることを知っている。一生その場から動くことができない植物にとって場所の選択はさらにシビアであり、種子が落ちる場所がほんの数メートル異なるだけで、大木に成長できるか、それとも若木のまま立ち枯れてしまうかという大きな違いを生むこともある。

このように、生態学者が自然を観察するときは、いくつものスケールを重層的に意識している。これによって複雑な生態系を少しだけでも説明することが可能になる。そして奥入瀬渓谷は、そんな生態学者をときめかせる、すてきな多様性に満ちた場所なのである。

観光客の増加や地球温暖化、外来生物など、この場所の生態系をおびやかす人為起源の問題はいろいろ存在する。本州の最果てのこの場所の自然が、ずっとこのままであり続けることを僕は願ってやまない。

やってみなけりゃ、行ってみなけりゃわからない

森に行こう。森のことは、行ってみないとわからない。

なんだか旅行会社のキャッチコピーみたいだけど、たしかに、そうかもしれない。現代社会では、写真やムービーで世界の果ての情報を収集し、コピーし、拡散することが可能になった。それでもなお、現地じゃなければわからないことは多々あると思う。

「百聞は一見に如かず」ということわざがある。他人からの伝聞だったり書物で読んだりしただけでは、わからないことが多々あるということだ。このことわざは、2000年も前に書かれた中国の古典がもとになっているらしい。そして時代は、この古典のころから大きく変わった。日本では、幕末から明治にかけて写真や大量印刷が普及し、人は現地に行かなくても、かなりの程度「百聞は一見に如かず」問題が解消されるようになった。その後、映像が動く映画が登場し、やがて映像と音声が連動するようにまでなった。4K・8Kやらドルビーサラウンドやら、映像と音の再現性は高まるばかりだ。しかし、つまるところ人間は、視覚と聴覚の部分的再現に成功しただけだといえなくもない。

味覚・嗅覚・触覚の再現（遠隔伝送）は、まだまだ実用化されていない。これら三感の再生には現物が必要だ。テレビのグルメ番組みたいに映像と声による解説だけで味覚を想起させるような方法もあるが、それは間接的で極めて限定的な方法である。どんなにおいしいトンカツの食レポを観たとしても、視聴者は自分が過去に経験したものの範囲内でしかイメージすることはできない。生まれて初めてのおいしさは、体験しないとわからないと思う。

現場に行かずに現場のことをわかった気になるのは、たいへん危なっかしいことである。グルメ番組を残らずチェックしていても、レストランに食べに行かない人が食通ぶるのは痛々しいように、森に興味がある、森を研究している、森の専門家であると公言する人が、森に行かないわけにはいかないのである。そんなわけで僕も、研究対象である自然環境を実際に体験することを重視している。

「行ってみなけりゃ、やってみなけりゃわからない」という考

カナダの原生林を調査する予定で現地に行ってみたら、あたり一面が伐採されていた！　大陸の皆伐は、日本とは規模がぜんぜん違う。

え方は、洋の東西を問わず存在している。僕が一時期傾倒していたアメリカの思想にtranscendentalism（超越主義）というのがある。手っ取り早くいうと、理詰めじゃなくて直感が大事だよ、という思想。世界も人の内面も、理詰めで理解し説明できることはほんの一握りにすぎない。だから、直感で得られたことを大事にしよう、ふとした瞬間に思いがけず降りてきたアイデアに真実がある、みたいな考え方だ。

だから、自然のことを知りたいなら自然のなかで暮らせばよいということで、超越主義思想家であったヘンリー・デイビッド・ソローは、マサチューセッツの片田舎の森のなかに小屋を建てて住むことにしたのである。そして僕はしばしば、そのウォールデン湖畔の森に足を運び、ソローを偲(しの)んだのである。

僕は科学をなりわいとしているので、自分の直感だけで学術論文を書いたりはしない。論文にするには、客観的で定量的な実証が必要になることは百も承知だ。ただ、仮説を立てるのは自由で私的な行為。一見すると荒唐無稽だけど、よくよく考えるとあり得るな、それは世界の誰も考えついてないな、という仮説を見つけるためには、そのインスピレーションを得るため科学理論とは直結しない行動をとるのもよいと思っている。

たとえば、散歩中とか入浴中にアイデアが思い浮かぶこともしばしばである。そして科学では、「風呂場で考えついたアイデアだから間違い」みたいな決めつけはしない。間違いか正解か、それを決めるのは、客観的で定量的な実験なのである。直感でエキセントリックなアイデアを考え、それを実証するために正確無比な実験を地道に繰り返す。これが一流の科学者だと思う。

科学者はミュージシャンみたいなものだ。ミュージシャンは頭に降りてきた音楽をかたちにするために楽器を奏でる。楽器はギターでもピアノでも自分の鼻歌でもパソコンソフトでもよい。アイデアをかたちにするためには、それなりの楽器演奏の素養が必要である。科学者の仕事もそんなもんだと思う。アイデアをかたちにするため、実験器具を使ったり、パソコンでグラフを描いたりするのである。

ギターでコードを無心でかき鳴らしていると、自分の奏でる響きに触発され、ふとすてきなメロディが浮かぶことがある。同じように、深夜の研究室で無心になって作業していると、ふとすてきなアイデアが浮かぶこともある。どちらも翌朝になって考えなおしたら十中八九恥ずかしいだけのシロモノなんだけど、なかにはほんとうによいものも混じっている。そのはずだと信じたい。これが科学者的超越思想というものである。

さて、日本にも超越思想に似たような考え方があり、それには宗教が大きくかかわっていると思う。西洋ではキリスト教という一神教とその聖典が確立されているため、思想と宗教はかなりきちんと区分けされているのだが、日本では、思想と宗教が混とんのなかで入り混じっている。

日本独特の宗教に修験道というものがある。林野を駆け回ってほら貝を吹き、沢の水を飲み、野外で眠る。こういう活動が悟りをもたらすというものである。現代の京都の街でも、その季節になると山伏（修験者）たちが比叡山から降りてきて街を練り歩く姿が見られる。これは観光客を集めるためにやっているコスプレではなく、古くから続く宗教活動として行なわれているのである。

修験道でおもしろいのは、「感得」という現象である。厳しい修行により身体的にも精神的にも極限まで追い込まれた修験者が、居眠りをしているのか気を失っているのかわからないようなまどろみのなかで、脳裏に現れたものこそが神霊世界からの啓示であると考える。たとえば、修験道の創始者といわれる役行者は蔵王権現という神仏（修験道は神仏習合しているので、神なのか仏なのかはここで詳しくは論じない）を感得した。それは、それまでの日本の神道にも、インドや中国の仏教にも存在しない、オリジナルのイメージだった。それ以来、修験道ではこの蔵王権現を大事な神仏としておまつりしている。

アメリカ先住民の成人の儀式でも、若者を身体的・精神的に追い込んで、そのとき彼に現れた幻覚を彼の守り神としたりすることがある。たとえばクマのイメージが脳裏に現れたなら、彼はその後の人生を、クマに守られながら生きていく。人間は動物とつながっており、それは理屈ではなく、直感的（あるいは神秘的）なかたちでわかるのである。

修験道よりももう少し体系化された宗教として、仏教の宗派のひとつである禅宗があるが、これもまた超越主義と共通する思想を持っている。禅宗の特徴を表す四文字熟語として、只管打坐（しかんたざ）と不立文字（ふりゅうもんじ）がある。只管打坐は、ただ座ってみろ、座禅してみろという意味だ。禅宗とは何ですか、悟りとは何ですかと言葉に出したり頭で考えたりするのではなく、ただ座禅を経験することでわかるようになるという考え方。

不立文字も同様で、師匠の教えは言葉や文字にするものではなく、修行により弟子が自分自身で体験して身につけるものであるとする。この思想は日本人に伝統的に受け継がれているような気がする。ラーメン屋に弟子入りした人に対し、店主が「半年は皿洗いだけしていろ」「質問するんじゃなく見て盗め」みた

鳥取県中部に位置する投入堂（なげいれどう）は役行者ゆかりのお寺。その参道は想像を絶する厳しさであり、真夏に登頂を目指した僕はあえなく断念したほどである。

いなことを言うドキュメンタリー番組を見たことがある。ちなみに僕は、こういう思想があるという説明をしているだけで、いささか理不尽なところもあるスポ根的な修行を肯定しているわけではない。むしろその逆で、自分が主宰する研究室では、先輩たちの暗黙知を形式知に変換するために、ていねいなマニュアルづくりを意識しているのである。

さて、現場に行ってみなけりゃわからないという考え方は、現代美術にも受け継がれている。古典的な美術の枠組みでは、名画を額縁のなかに入れて、世界中の美術館を巡回してまわる。どこの美術館で観ても、名画は名画だ。つまり、作品は持ち運べるのである。しかし、現代美術には持ち運べない作品も数多い（専門的には、サイトスペシフィック性が高いという）。作品と展示環境が一体化しており、その場所で鑑賞するからその作品が成り立つわけで、取り外してよそに持っていったらただの金属片、みたいなことになる。

僕はサイトスペシフィック性が気になる性分だ。自宅で食べればわびしいだけのカップラーメンも、山小屋で食べれば登山やスキーで疲れ冷え切った体とこころに最高のごちそうになる。芸術作品も、どこで・誰と・どんな気分で観るかによって、まったく違う印象を残すことになる。

森を知りたけりゃ、森に行ってみよう。うん、たしかにそうだ。これをこの文章の結語としたいが、注意をひとつ。僕らが森に出かけるのはとても大事なことだけど、僕らは頭の片隅で、その環境負荷についても考えなくちゃならない。都会から森に出かけることで、それだけ環境負荷がかかる。たとえば、森に行くときに使う乗り物は二酸化炭素を排出し、それは巡りめぐって森の生物たちに負荷を強いる気候変動の原因になるのだ。だから、森に行くという行為を、決して当たり前の権利と思わないようにしたい。それはたいへん貴重な機会だから、事前に勉強できることはしておく。得られた知識やイメージを事後にきちんと整理する。そうやって暗黙知を蓄積していって、形式知として社会に伝える。僕は個人的興味と社会的使命を両立し、森のこと・環境のことを勉強していきたいと思っている。

ずるい戦略

生物の生きざまには、いろんな戦略がある。生きものたちはみな与えられた環境でベストを尽くし、生存と繁殖のために必死で生きている。だからその戦略に貴賎はないはずで、研究者にとってはすべて興味深い研究対象ではあるのだが、個人的な感情論を言わせてもらうと、「うまくやっているな、ずるいな」と感じてしまう生物の行動も多い。

たとえばカッコウ。自分の卵をほかの種の鳥の巣に産み落とし、その鳥に育てさせるという戦略だ。いわゆる**托卵**（たくらん）というやつ。カッコウは知能犯であり、相手をだますことで自分が得をしようとする。まるでオレオレ詐欺みたいなものだ。ほかの種の鳥の巣に卵を産んでおけば代わりに育児をしてもらえるので、カッコウにとってはまことにけっこうなことだ。だからこの戦略の成功確率が高くなるよう、カッコウは別種の鳥の卵に似た卵を産むように進化してきた。

しかしこれは、相手の鳥にとってはたまったものではない。怪しいところのある卵を排除するなど、相手も自衛策を講じるようになる。するとカッコウは、さらに相手の種の卵に似た卵を産むように進化していく。攻撃と防御の**軍拡競争**（不穏な表現だけど、生態学者はこれを専門用語として用いている。進化の過程で攻撃と防御がどんどんエスカレートする様子を表している）だ。オレオレ詐欺でも、あの手この手で戦略が緻密になっていくような現象と似ているかもしれない。ただ電話口で「オレオレ」と連呼するだけの初期型の詐欺には誰もだまされなくなってきたので、詐欺師側は事前にターゲットの家族構成を調べるなど用意周到になってきているらしい。これも、攻撃側と防御側の軍拡競争といってよいだろう。

もちろん軍拡競争は、托卵のような「知能犯」だけじゃなく、暴力的な関係でも生じている。カメやアルマジロが分厚い装甲を背負っているのも軍拡競争の結果だ。肉食動物のキバが通らないほどの甲羅を持つことで防御性能を高めているというわけだ。人間社会では、空き巣に入られないようカギの性能を高めるなどの対策がこれに相当するだろう。

植物にもずるい戦略というのは存在していて、カッコウのような「ちゃっかり者」がいたりするのだ。その一例としてツル植物が挙げられよう。しかしまず、ツル植物について考える前に、樹木という生きざまを理解しておこう。

そもそもなぜ、樹木は太く長い幹を持ち、上へ上へと伸びようとするのだろうか。それは、光が欲しいからだ。隣の木よりも背が高くなれば、たくさん日光を浴びてたくさん光合成できる。すると、さらに大きくなったり、たくさん種子をつくることが可能になる。だから、上へ上へと伸びるのは、植物に普遍的に共通する大事な戦略なのである（ごくまれに、光合成することをやめてしまった植物も存在するが、その話はまた何かの機会に）。

森の樹木たちは、それぞれ精いっぱいたたかっている。樹木の体重測定をすると、地上部分の優に9割以上は幹が占めている。もしも競争相手のいない世界ならば、こんなに巨大な幹をつくるのはやめて、そのエネルギーを葉っぱや花、種子に使ったほうがどんなに効率的か。しかし現実はそんなに甘くない。限りある資源である日光をめぐる競争は、まさに死活問題だ。だから樹木はその巨体を、まわりの樹木との競争のために保持しているのである。樹木とは、まさに戦闘機械のようなものだ。森を散歩するのは人間にとっては気持ちいい経験かもしれないけど、じつはそこの樹木たちは、命をかけてたたかっている。「森でいやされるね」なんて感想を人間がもらすのは競争の当事者じゃないからで、樹木たちはとにかく必死だ。気を抜くことなんてできないだろう。

日光をめぐる樹木のあらそい、これは人間である僕の目から見たところ、フェアな競争のように思える。どの樹木たちも、自前の根っこで地面に立ち、自前の幹を持ち、自前の葉っぱを伸ばしているわけだから。しかしそこに、人間から見たら「ルール違反」と言いたくなるような植物も存在している。それがツル植物だ。自立することを放棄して、ほかの樹木の幹にすがりつくことで、効率よく上に伸びていくことが可能になる。これは寄生の一種だけど、大半のツル植物は、相手から水や養分を吸い取ることまではしない。純粋に、幹という構造に寄生しているのだ。だからツル植物は、相手が樹木だろうが岩だろうが鉄塔だろうが、なんでも上に伸びるものに寄生していく。

では、寄生先の樹木が枯れて倒れてしまったら、ツル植物も一緒に死んでしまうのだろうか。じつはそうともかぎらない。ツル植物は、樹木の上のほうでもさかんにツルを伸ばし、常に成長する機会をうかがっている。樹木が密集して生えている森林では、枝が隣接した周囲の樹木にもツルを伸ばしたりする。これは保険としても機能するのだ。もし、もともと寄生していた樹木が倒れてしまっても、ツル植物のツルは隣の木に引っかかっているので、地面まで引きずり倒されないで済む。こうして、もとの木が死んでしまっても生き延びることが可能になる。

ツル植物は、からみつく相手が樹木であれ建物であれ、とにかく「高さをかせぐ」ために必死である。

生物の生きざまを過度に擬人化するのはよくないこととは知りつつも、個人的には、「誰かから利益を吸い取り続け、その相手が倒れると次の寄生先に移る人」みたいなヤバさを感じてしまう。しかしこれが情け無用の生物の世界であり、僕ら人間が勝手に思い描く、絵本に出てくる生物の楽園みたいなイメージのほうが間違っているのかもしれぬ。おだやかに見える森林でも、生きものたちは虎視眈々（こしたんたん）と、あの手この手で他人を出し抜き利用してやろうとチャンスをうかがっているのだ。

原生林を歩いていると、とてつもなく太いツル植物に出くわすことがある。もしかしたらそいつは、いまとりついている樹木よりも年上なのかもしれない。ツル植物の根元と、寄生先の樹木が10メートル以上離れていることもあったりする。それは過去に、もともとの寄生先の樹木が倒れて朽ち果て跡形もなくなったが、ツル植物は隣の樹木に乗り換えてピンピンしている、という現象の痕跡なのかもしれない。

こんな感じで、人間の視点からはずるいと感じられてしまう生きざまを持つ生物について考えてみたけれど、なんらかの方法で寄生する生物は、特別な極悪人というわけではないと思う。肉食動物のように、きっぱりと相手の命を奪ってしまう生物も多々あるからだ。

相手を直接は殺さないという意味では、カッコウやツル植物はソフトな戦略であるともいえる。しかし、このような寄生の影響は徐々に相手をむしばんでいき、適応度を低下させていく。生命ってこういうものなんだけど、こころもちょっと痛んだりするのである。

生態学者のヒトリゴト

時間の概念

カメラはタイムマシンみたいなものだ。しかしドラえもんの道具のような理想的なものではなく、きわめて限定された機能しか持ってはいない。ともあれ、前もって写真を撮っておけば、いつでも「そのとき」に戻ることができる。そういう意味では、時間を操るツールだといえるだろう。

科学的で哲学的な話をすると、自然界の現象を考える際に時間の概念は重要である。生命という現象もまたしかり。生命は絶えず時間変化している。生まれ、成長し、繁殖し、やがて死ぬ。この時間の流れのなかで生命がどのように暮らしているかを調べるのが生態学であるともいえる。

生態学で問題となるのは、変化に必要な時間の長さである。同じ生物学でも、分子生物学などで扱う典型的な研究

対象は、長くても数時間から数日間でひととおりの実験が可能なものが多い。これと比べると、生態学で扱う事象には、時間がすごくかかるものが多い。僕が研究対象としてきた森林生態系は、何十年もかけて徐々に変化していく。

荒れ地に最初に生える樹木は**パイオニア種**（初期遷移種）とよばれ、日光をたっぷり浴び、水や養分をどんどん使ってどんどん成長するものが多い。しかしパイオニア種の寿命は短く、やがて**後期遷移種**に置き換えられていく。後期遷移種は日陰でも命をつなぎつつゆっくり成長し、自分の頭上に存在するパイオニア種が何かのタイミングで枯れたらその場所を支配してやろうと虎視眈々と狙っているのである。

このように森林の樹木の変化には数十年から100年、200年という長い長い時間がかかるのであるが、地面のなかの生態系の変化はさらに時間がかかる。大学院時代に研究していたカナダ北部の森の地面には、泥炭とよばれる有機物が大量に蓄積されていた。泥炭はもともと、樹木やコケ植物の体だったものがゆっくり変質しながら形成されていくものである。これらが蓄積するのにかかる時間は、平気で1000年、2000年というタイムスケールを要している。

氷河期のころ、このあたりは分厚い氷床に覆われていた。約1万年前に氷河期が終わったが、氷床が解けるまでかなりの時間がかかったから、氷が解けてからまだ数千年。それからじわじわと泥炭が堆積しているわけだ。

生態学者はよく写真を撮る人が多いように思う。野外の観察対象は、実験室のそれと異なり、ずっと手元で眺めているわけにはいかないから、記録のために写真は便利だ。それだけでなく、同じ場所を毎月撮影するという定点観測をすれば、過去との比較によって時間変化を知ることができる。このように、写真は生態学者にとってタイムマシンの機能を果たしている。

写真が普及しはじめて150年あまり。写真が実用化された当時は、写真撮影をするのはとても面倒くさく、時間と費用もかかり、写真の専門家が必要だった。それでも当時の自然の様子が記録された写真はいくらか残っている。その写真が撮影された場所と年月日を特定し、同じ場所で写真を撮って自然の変化を比較する。これだけでもたいへん興味深い研究になる。

定点観測のための専用のカメラもある。1時間ごと・2時間ごと・1日ごとなど、決まった時間ごとに自動的にシャッターを切ってくれるすぐれものだ。樹木にくくりつけるなどしてこれを野外にしっかりと設置すれば、その場所の朝昼夕の変化とか、季節をまたいで起きる変化とか、いろんな変化を記録することができる。ただ肉眼で変化を感じるだけでなく、画像をコンピュータで解析することで、自然界の変化を数字に変換することも可能だ。僕はこのように、意識して時間の流れを扱う研究を重視するようにしている。

僕は写真が好きだ。研究の道具としての愛着もあるけど、センチメンタルで芸術的な意味でも好きだ。写真撮影は自分の分身をつくる行為だと思う。写真はただの無作為な記録ではなく、撮影者の意図を色濃く反映しているからだ。だから僕は、自分の写真を人に見せるのに気後れすることがある。

人前でカラオケを歌ったり、絵を描いてみせたりするのは、ある程度の自信がなければ恥ずかしかったりする。僕は写真を見せることにも同様の恥ずかしさを感じる。撮影時に僕が何を発見し、何を考えたか。それをなぜ後世に残し、未来の自分または他人に見せる価値のあるものと思ったか。これらの思想が凝縮されたものが写真である。さらに、構図や露出やピントなど、写真撮影の技術力も丸わかりである。思想と技術が丸バレになるから、写真を人に見せるのは恥ずかしいのである。

お金をかけていいカメラを買ったら写真がうまくなると信じていた時期もあった。しかしそれは幻想で、結局は自分の「ものの見方」がさらけ出されるから、自分を磨く以外に写真がうまくなる方法はなかったのである。

この本には僕の恥ずかしい写真をいくらか盛り込んでいる。僕の文章も恥ずかしい作品だから、写真と文章の恥ずかしいマッチングをさらけ出すので、適当に楽しんでいただきたい。

第7章

研究をとおして

コンピュータオタク

生態学者というと、野山を駆けめぐる野生的な人を想像するかもしれない。読者のみなさんのそのイメージは基本的には正しい。生態学者はやっぱり野外に出てナンボ、フィールド調査してナンボというのは僕らの意識にも深く浸透しており、全国の生態学者が毎年一堂に会する日本生態学会の会場は、さながらアウトドアファッションの展示会の様相すら呈しているのである。

そういう体育会系のオーラが充満した生態学者の世界で、僕はあきらかに異質である。それはツールとして用いているのがコンピュータだからだ。生態学者たちは生物にまつわる現象の真理を究明したいと願っている。多くの者たちは野外に出かけて生きものを観察することでそれを達成しようとしているが、逆に僕は部屋にこもって、コンピュータのなかでバーチャルに生態系を再現し、その特徴を見極めようとしているのである。

研究手法にはそれぞれの長所短所がある。コンピュータを使った研究の短所は、どうしてもリアルな世界との乖離(かいり)が生じること。その代わり、実験や将来予測が可能というのは大きな長所だ。

地球はひとつしかない。でもコンピュータのなかに形成されたバーチャルな地球ならば、「もしも人間が世界中のすべての木を伐採してしまったら」など、現実には不可能な実験が可能になる。そしてその影響が１００年後どうなっているかという計算も可能だ。こうして、バーチャル技術で空間や時間の束縛から解放されるというのが、ＳＦっぽく表現したコンピュータ利用の利点なのである。


というわけで、キーボードをパチパチたたいてコンピュータをはたらかせることで給料をもらっている僕は、フィールドに出る生態学者が登山靴にこだわるように、コンピュータにこだわる。いつでも安定した挙動を示し、発熱とノイズを最小限に抑えたコンピュータを使うと、明らかに生産性が向上するのだ。

これまでは信頼できるＢＴＯメーカー（要望に応じてカスタマイ

目的に適したパソコンパーツを選び、気に入ったケースに収納して配線すれば、自作パソコンのできあがりだ。

ズしたパソコンを組み立ててくれるメーカー）から調達することが多かったが、最近は自分で組み立てるようになった。気に入ったパーツを選んで買って、自分で組み立てる。僕もついにパソコンを自作する人の仲間入りをしてしまったのである。

といっても、パソコンの自作はそれほどハードルの高いものではない。溶接やはんだ付けなどは不要で、ドライバー一本で取り付け・取り外しが可能な部品が大半である。部品は規格化されているので、パーツがはまらなくて困る、なんてことも基本的にはない。

パソコンを自作するようになると、当然パソコンの構造に詳しくなる。すると、パソコンの調子がわるいときはどこを調べたらよい、なんてこともわかってくるのである。さらには、古いパソコンや調子のわるいパソコンの部品を取り換えることで延命措置を講じたり、あるときは最新鋭のパソコン並みの高性能にカスタマイズすることさえも可能になる。

パソコン本体だけじゃなく、よいキーボードもとても大事だと思う。作家が万年筆にこだわるように、コンピュータ科学者はキーボードにこだわってもよいと思う。タイプミスが少なく確実に入力できたり、軽いタッチで素早く打てたり、自分に合うキーボードを使うことにはメリットがある。

軽いタッチで入力できるとスピードが上がる。脳内に現れては消えていくアイデアを少しでも多く活字化することが可能なのだ。さらに、適度な音を出すキーボードは気持ちを高めてくれる。「すごいスピードでキーボードをたたいている自分」に酔い、さらに仕事が進むという好循環が生じるのだ。

学生時代、シャーペンで勉強をがんばっていたみなさんも多いことだろう。一緒に苦難を乗り越えたシャーペンは同志であり相棒。ぼろぼろになっても捨てるのが忍びない、なんて気分になるかもしれない。僕にとってのキーボードはまさにそれ。オタクとロマンチックを同時にこじらせたみたいな僕の愛着であるが、毎日何時間もパソコンの前に座っていながら正気をキープするためには、こういうのも大事だとは思う。

僕は学生時代、フィールドを駆け巡るような調査もやってきた。アメリカやカナダの広大な原野で調査したことは得難い経験であり、僕の自然観・研究観をかたちづくるものであった。そのときに思い知ったのは、ちっぽけな自分では、地球上のすべての自然を知り尽くすなんて到底無理だということ。

それでも僕は、地球の自然を知り、環境を守る研究がしたかつ

た。だからコンピュータシミュレーションを研究のツールに選んだ。シミュレーションなら、コンピュータのなかの仮想の世界で、地球の隅々にまでおよぶ生物の挙動を再現することが可能になる。そして未来の予測もできてしまう。いま僕らが、自然に対してどんな態度をとれば、将来何が返ってくるかを理解できるのだ。こんな壮大なライフワークもちゃんと持っている。

しかし日々やっていることは、たんなるコンピュータオタクの仕事である。そしてそのオタク仕事が案外楽しいので、僕はこれを続けているのだろう。どんなに好きなことでも、それを仕事にして毎日続けていたら、嫌になったり飽きてきたりする日が来る。それでも小さな喜びを見つけて続けていけるかどうかが大事だと思ったりするのである。

相関か、因果か

やさしい人がやさしい味の料理をつくってくれる。人柄がやさしいから、つくる料理の味もやさしくなるのだろうか。それとも、もともとやさしい食べものが好きだったから、人柄もやさしくなったのだろうか。いや、そもそも人柄と料理の味に関係はなく、たまたま「やさしい人」と「やさしい味」がマッチしているだけなんだろうか。ならば、やさしいけど激辛ラーメン大好きって人もいるだろうか……、いや当然いるだろうな……。なら人柄と料理の味にかかわりなんてないのかな……。ふとこのように、因果関係について考えて頭のなかで堂々めぐりが始まってしまうことがある。

「健康な人はよく運動する」「病気がちな人はあまり運動しない」——こういうデータがあったとしよう。ということは、「じゃあ健康になるために運動がんばろうよ」なんて思う人がいるかもしれない。僕らはともすればこういうふうに考えてしまいがちだけど、じつはこれ、科学的ではないのである。

ここで挙げられたデータからは、「健康」と「運動量」に相関関係があることがわかる。

でも、「運動」が原因となって、「健康」という結果が手に入るとは限らない。逆に、「健康」が原因となって、「運動量」が上がっているという可能性を否定できないからだ。元気な人は体を動かす活動に耐えられるだけ、病気がちな人は体を動かすことに耐えられないだけ、ということだ。

科学的に因果関係を証明するには、複数の人に実験に協力してもらう必要があるだろう。最初に、全員の健康状態と日ごろの運動量をチェックする。次に協力者を2つのグループに分ける。グループAには定期的に適度な運動を課する。グループBには何も要求せず、これまでどおりの生活をしてもらう。そして半年後、2つのグループの健康状態をチェックすればよい。

このように、実験を行なえば因果関係を立証することが可能になる。逆に、観察だけでは、因果関係を証明するのはむずかしい。協力者から健康状態と日ごろの運動量のアンケートをもらっただけでは、運動が人を健康にしているのか、それとも運動できるくらい健康な人が体を動かしている（病気の人は家に閉じこもっている）だけなのか、区別がつかないのである。

この本でこういうことを書くのには理由がある。ともすれば、環境問題を扱うときに、ただの相関関係しかないのに、さも因果関係があるように主張してしまう例が多々あるからだ。環境問題で何かを訴えようと思う人は、「水が汚れたから希少種の魚が減った」というようなことを言うかもしれない。たしかに、データを見れば、この数十年でその場所の水質は悪化しており、その希少種の個体数は減少しているかもしれない。しかしそれは単なる相関であり、因果関係が証明されたわけではないのである。この相関関係だけをもって、「魚を守るために水をきれいにしよう」と叫ぶのは、はなはだ危なっかしい行為である。

環境保護論者は反論するかもしれない。もし仮に因果関係がなかったとしても、水をきれいにするのはいいことだよね、魚を守りたいという純粋な気持ちを持つのはいいことだよね、と言うかもしれない。たしかに、環境保護論者には純粋な人が多い。「よかれと思って」活動する人も多い。しかし、根拠があいまいな主張をするのは、長い目で見たら環境保護にマイナスの影響を与えていると、僕は思うのである。

世界は常に問題にあふれている。環境問題だけじゃなく、貧困や飢餓や伝染病や社会格差など、人びとが関心を持つべきで、政府が予算を投入すべき問題は無数にあるのだ。しかし残酷なことに、僕らの時間にも政府の予算にも限りがあり、何かを選ぶためには何かを捨てなくてはならないのである。根拠があいまいな環境保護の主張にしたがったのでは、成果は期待できない。将来「無駄金を使った」と批判されるのは目に見えている。だから僕は、とても大事なことだからこそ、無知ゆえの誇張で環境問題を叫ぶのはやめてほしいと願っている。

日本ではすでに、インテリ層のなかに環境問題を冷ややかな目で見る人が増えているような気がする。たとえば「温暖化はウソだよね」なんてうわさをまことしやかに語る人は、世間で「先生」といわれる人のなかにも数多くいるから始末に負えない。根拠があやふやで感情論に訴える環境保護の押し売りが、このような反発を招いているような気がしてならない。

環境問題が気になる人に言いたい。行動する前に考えよう。よくある人生アドバイスの逆である。自分個人の人生ならば、「悩んでも仕方ないから行動してみようよ」というポリシーもよいと思う。僕もわりとそういう人生を歩んできた。しかし、環境問題は、よかれと思ってしたことが逆効果をもたらすことが多々あるのだ。根拠不明の活動に参加するため遠路はるばる自動車で駆けつけるような人は、二酸化炭素をまき散らすだけで終わっているのかもしれない。それなら家で寝ていたほうが環境のためになるのである。だから、行動する前に考えよう、ちゃんと勉強しようと僕は訴えるのである。

人間は、ものごとに因果関係を求めがちである。それは僕らが原始人だった時代、人間の役に立つ感覚だっただろう。しかし時代は移り、温暖化など地球規模の問題が現実化している。このような環境問題は原始時代には問題にならなかったことなので、僕ら人間の本能だけで解決を目指してはいけないのである。新時代に立ち向かう理性が、いま求められている。

君の名はどろぼう

むかしから、人の顔や名前を覚えるのが苦手だ。歴史の年号を語呂合わせで覚えたり、理科で元素記号を覚えたりするのは得意だったのに、人の顔が覚えられない。子どものころからそうだったので、友だちによくからかわれたりした。「歴史の年号はたった4桁の数字だが、人の顔は画像である。パソコンに保存するときの容量は何千倍も違うわけだから、顔が覚えられなくて当然である」なんて理屈で応戦したものだ。我ながらまったくかわいくない子どもである。

人の顔や名前が覚えられないことについては、「あんたが他人に興味のない偏屈者でコミュ障だからでしょ」とお叱りの方々が多くおられることであろう。これについてはたしかに反論の余地もなく、甘んじてご批判を受けるのみなのであるが、言い訳として一点申し述べるならば、大好きで興味津々なはずの、植物の名前を覚えるのもかなり苦手なのである。

そりゃ専門家のはしくれだから、それなりに樹木や草、コケの名前などは知っている。しかしそれを覚えるのにはけっこうな苦労が伴うのである。思えば大学生時代、植物分類学の授業で毎週、草木の名前を覚えさせられたのであるが、僕の覚えるスピードは受講生の平均以下であることを思い知らされた。

課題となる植物の名前を10種とか20種とか覚えたら、先生のところに行ってテストを受け、合格すれば帰ってよしという授業。僕はいつも、遅くまで教室に残っていた。アメリカの大学だから英語で苦労したというわけではない。そもそもアメリカ人にもなじみのない、ラテン語の学名を覚えさせられたのだから。

こんな感じで、草木の名前についての劣等感は、同業者よりも強めに持っている気がする。世間一般から見た生態学の先生は、そのへんの草花なら何を聞いても知っているだろう、みたいな素朴なイメージを持たれているかもしれない。だって新聞に生態学関連のことが載るとしたら、高確率で「新種発見」「絶滅危惧種を守れ」みたいなニュースだから。

このように世間には、生態学者イコール分類学者みたいな風潮があるが、それは僕の肩身をどんどん狭くするのでやめてほしい。たまに大学の一般公開で市民相手の自然観察会などをすることもあるが、「先生なのにこんなことも知らないのね」みたいな聞こえよがしの悪口を言うのもやめていただきたい。たしかに、近所の「植物大好きおじいさん」みたいな人のほうが、僕よりずっと草花に詳しいのだから、ご批判は無理もないのであるが。

このように滔々と自分の劣等感および言い訳を書き連ねているわけであるが、そんな僕でも、植物の名前を学ぶことをあきらめてしまったわけではない。地道に少しずつ、わかりやすいものから覚えるようにしている。覚えたつもりでも季節がひとまわりするとふつうに忘れていたりする。そんなときはまた一から覚えなおしである。

こんな下手の横好き的な努力ではあるが、継続しているとそれなりに成長がみられるのでうれしい。最近は、早春の草花とか、コケ植物とかは、だいぶわかるようになってきた。名前がわかるようになると、生態系を眺めたときに得られる知識量が増える気がする。「ここはエゾスナゴケが生えるくらいの適度な日当たりがある場所なんだなあ」とか、「オオイヌノフグリのシーズンはそろそろ終わりで、カラスノエンドウが成長するくらいの気温になってきたなあ」とか、マニアックな喜びにムフフとなるのである。乃木坂46のメンバーの顔と名前を覚えるほど愛着がどんどん湧いてくるように、空き地にはびこる雑草メンバーの名前を知ることで、生態学者としての喜びも増し加わっていくのである。

この文章を書いているのは9月。そろそろセイタカアワダチソウやらアレチヌスビトハギやら、不穏な名前の外来種が花を咲かせる季節だ。しかしアレチヌスビトハギとはひどい名前を付けられたものだ。萩（ハギ）は万葉集にも詠まれる日本古来の草花で、秋の七草のひとつ。酒井抱一の画題として取り上げられるなど、日本人に愛されている。それにひきかえ「荒れ地のどろぼう」という呼び名を付けられた外来種の親戚のほうは、ちょっとかわいそうな気がする。

アレチヌスビトハギは、その名に似合わず、ビジュアルはけっこうかわいい。丸っこい葉っぱは親しみやすいし、花はけっこうきれいだし、豆のさやにおさまった種子もオブジェとしてみればおもしろい形をしている。しかしほんの数年前まで僕は、この植物の名前を知らなかった。

あるとき、冬の荒れ地にカラカラに乾燥したこの植物が立ち枯れているのを見かけた。そのわびさび感に僕は魅了され、枝を折り取って車の助手席に乗せ、自宅に持ち帰ろうとしたのである。

植物に詳しい諸氏には、その結末がどうなったか自明

放置自転車を覆いつくすほどに成長したアレチヌスビトハギ。京都大学キャンパスにて。

であろう。アレチヌスビトハギの種子は、強力でまことにたちのわるい「ひっつき虫」だったのだ。車のシートも、着ていたフリースも、挙句には天然パーマの髪の毛までもアレチヌスビトハギまみれになった。しかも、種子の一粒一粒がばらばらになってくっついてくるもんだから始末に負えない。

さっきまでこの植物を愛でていた自分をのろいながら、ガムテープを引っ張り出して掃除を続けたのであった。むかしの人がこれに「ヌスビト（どろぼう）」という名前をつけた気持ちを存分に追体験できたのである。まあこの体験のおかげで、僕がこの植物の名前を忘れることは一生なさそうである。

京都市左京区白川通。
草刈りの手薄な中央分離帯にはびこるアレチヌスビトハギ。

かわいいは正義

ペンギンという生きものが好きだ。まずあのビジュアルがいい。白黒の羽毛によちよち歩き。僕のハートをわしづかみにするために生まれたかのような生きものである。しかし生態学的視点で考えると、ペンギンのカラーリングやフォルムは、まことに理にかなっている。

そもそもなぜペンギンは白黒のカラーリングになっているのか考えてみる。ペンギンのおなか側が白いということは、水中で泳ぐときは下側が白いことになる。ペンギンは南極海の水中で小魚などの獲物をとって暮らしているのだが、小魚たちはおとなしく座してペンギンに食われているわけではない。彼らとしても逃げてやろうと必死なのだ。そんな小魚に襲いかかるとき、ペンギンのカラーリングは有利にはたらくのである。

読者のみなさんは、ダイビングや素潜りなどをしたことがあるだろうか。水中から上を見るときらきら光っている。水のなかから見る太陽は、なんだかゆらゆらぼやけた白いかたまりのように見える。これがペンギンのカラーリングのヒントであり、下から上を見上げる魚たちに対して、白いおなかというのはカモフラージュの意味を持つのだ。

みなさんは、水面から海中をのぞきこんだことがあるだろうか。ある程度深い場所をのぞくと、奥のほうは青から群青色、そして黒というグラデーションを描いていく。水は光を急速に吸収していくから、深いところには光が届かなくなり、黒っぽくなるのだ。そう、ペンギンの背中が黒いのは、上から見ている魚に対するカモフラージュになっている。ペンギンはエサをとるためにたいへん深く潜ることもあるので、背中側でカモフラージュするのも大事なことである。

「そんな子どもだましのカラーリングで野生の魚がひっかかるものか!」なんて批判もあるかもしれない。たしかに、静止画で水中のペンギンの写真を撮って落ち着いて鑑賞するならば、ペンギンを特に天敵としていない我々人類でもペンギンを見分けるのはたいへんたやすい。しかし、エサとして食われるか首尾よく逃げおおせるかはコンマ1秒の世界である。ほんの一瞬スタートダッシュが遅れることが命取りになるのだ。

もしも、水面の太陽の白いゆらゆらと見間違えさせるカラーリングで、魚からまばたきくらいの時間を奪うことができるとしたら。それくらいのわずかなメリットでも、ペンギンに生存と繁殖という多大な恩恵をもたらすだろう。そしてそれは有利な特徴として自然淘汰で選ばれて子孫に受け継がれていく。こうしてペンギンのかわいらしいあの色合いができるのである。

ペンギンのフォルムだって生物進化で生まれたものだ。丸っこい体で陸上ではよちよち歩きをするんだけど、水中では素早くスイスイ泳ぐ。急な方向転換などもお手のものである。海を爆速で泳いでいるマグロなどとよく似たフォルムだ（鳥類のペンギンと魚類のマグロのフォルムが似ているのは、海中という環境に適応した結果であり、このような現象を「収れん進化」という）。いつも水中のペンギンに見とれてしまうので、僕と水族館に行く人は時間の余裕をみてほしいものである。

しかしペンギンは、ずっと水中で生きているわけにはいかない。

ペンギンは鳥類なので、卵を産んで温めなければならず、そのためには陸上に出なくてはならないのである。水中にはペンギンの天敵である、肉食のアザラシなども生息しているので、敵のいない安全な場所で休憩するという意味でも、陸に上がらなければならない。必然的に陸と海の両方での生活を強いられているペンギンたちだが、彼らは陸よりも海によく適応しているように見える。

海ではスイスイ、陸ではよちよち。陸が苦手なのは一目瞭然だ。その動きは愛玩動物としてはたいへんかわいらしいんだけど、厳しい野生でこんなふうにすきだらけなのはなぜだろう。それを考えるために必要な生物学のコンセプトが「トレードオフ」である。水中を泳ぐのに有利な体形は陸上では不利になる。逆もまたしかりである。このように、「あっちを立てるとこっちが立たない」という関係がトレードオフである。それでは、トレードオフの結果として、ペンギンがかなり「水中寄り」になっているのはなぜだろう。

そこにもやはり、生物進化がからんでくる。生物はみな、それぞれの生存環境のなかで、ぎりぎりのベストを尽くして生きている。そして生物は、たとえ親子や兄弟でも、いくらかの個性（多様性）を持っている。同じ種のペンギンのなかにも、泳ぎが特にうまい代わりに陸を歩くのがめちゃくちゃ苦手という個体がいることだろう。逆に、泳ぎはいまいちだが、陸上をすたすた歩く個体だっているだろう。

自然淘汰は非情である。海で魚を獲るのが苦手な個体は、自分も子どももおなかをすかせることになるから、子孫を残すのがむずかしくなるだろう。歩くのが苦手な個体は繁殖地までの道のりで力尽きてしまうかもしれない。それぞれの個性が生み出すリスクを背負いながら、ペンギンたちは必死に生きているのである。そして、どれだけ首尾よく子孫を残せたかという尺度（専門用語で「適応度」という）で、彼らの持つ個性が有利か不利か評価されることになる。

いま生きているペンギンたちは、過去のペンギンの歴史で無数の個体が淘汰された結果であり、適応度という総合得点でベストな結果を残してきたものたちなのだ。適応度は環境が決める。ペンギンたちの泳ぐ南氷洋では、あのフォルムがベストであり必然なのである。

もちろん、ペンギンたちの一行が熱帯雨林やサバンナにやってきたら、彼らは一瞬で絶滅するだろう。彼らを襲う肉食獣がいくらでもいるからだ。ペンギンという生き方は、トラやライオンが

いる陸上にはまったくそぐわないのである。だからペンギンたちは、肉食獣のいない孤島とか南極大陸とかで繁殖することが多い。そのような環境では陸上の敵から逃れる必要がないため、よちよち歩きでも大丈夫なのだ。

ペンギンたちの壮絶な生きざまと、生存と繁殖のために研ぎ澄まされた、一片の無駄もないカラーリングやフォルムについておわかりいただけただろうか。彼らはかっこいいのである。戦闘機や日本刀と同じ意味合いで、たたかうために生まれたフォルムをまとっている。しかしそれは、人間から見たらいとおしくて仕方がないくらいかわいらしいものなのがおもしろい。ペンギンは、別に人間から愛されるためにああなったのではないにもかかわらず、僕をメロメロにする最強の生きものなのだ。無情なはずの生物進化がもたらしたこの偶然に感謝する。

進化心理学

えらいことを知ってしまった……！

――はじめて**進化心理学**に触れたときの、率直な感想である。

僕は生物学者。コンピュータシミュレーションをなりわいとする、バリバリの理系科学者のつもり。自分の主観を極力排除し、客観的・定量的にものごとを説明するように訓練を受けてきた。

しかし、そんな僕の趣味は、お寺めぐりや仏像鑑賞。芸術や文学、茶道やいけばななども好きだ。これら文化的な存在の魅力を理詰めで説明するのはむずかしい。もちろん、「この絵画には黄金比が見られ……」「この列柱のサイズが奥行を強調し……」などと、芸術的な特徴を部分的に理屈で説明する方法はあるのだが、どうもそういうのは薄っぺらく感じてしまう。純粋に僕

は、理屈抜きで感動してしまうのだ。感動の前に、理屈は無力である。ふだんは科学者として、現象を理屈で説明することを仕事としているのに、趣味の傾向は正反対だ。日ごろはむずかしい数式などと格闘していることの反動なのではないかと、まわりの友人たちや僕自身も考えていた。

そんなときに出会ったのが進化心理学である。進化心理学は、進化生物学の一分野。人間の心的傾向がどのように発達してきたか、生物進化の観点から説明する学問である。僕は進化生物学の専門知識を学んできたにもかかわらず、進化心理学についてはまったくノーマークだったので、大きな衝撃を受けた。

進化心理学では、人間のからだが自然淘汰でかたちづくられたのと同様、こころも自然淘汰でできていると考える。自然淘汰は、その生物の生存と繁殖に役立つ特徴を選びとり、次世代に伝える。だから、僕ら人間が持っている心理的特徴も、過去（主に原始時代）に何らかの役に立ってきたはずだと考えるのである。言われてみればもっともな話だが、不器用な生物学者は、自分自身が人間という生物で、その人間を支配する心理も自然淘汰の結果だということに思い至らなかったのである。

進化心理学を知った瞬間、人間の行動はすべて、生物学の観察対象となった。自分自身さえも観察対象になった。神仏を崇拝し芸術を愛するという、衣食住に直結しない人間の心的傾向にも、過去に何らかの意味があったということになる（およそ世界中すべての民族に、宗教や芸術のたぐいは存在するのだから）。僕は生物学者であるがゆえに無神論者だが、それでも趣味のお寺めぐりにはメリットがあるのだと思うようになった。

自分よりも強いものを畏れ敬う気持ちは、僕らのご先祖が原始人だったころ、彼らを救うことがあったことだろう。部族の長老でもいい、猛獣でもいい、山や川でもいい、自分より強大な存在を畏れ敬うことで、人は安全・快適に暮らすことができた（長老や猛獣や山や川を甘く見たらどうなるかわかるだろう）。この感覚が次第に増強され誇張され、宗教が生まれたのではないかと考えている。だから、たとえ神が実在しなくても、その神を敬う心理は、その人のプラスになったのだ。

自然淘汰は、生存や繁殖にプラスになる行動にごほうびを与える。それが快感だ。食欲や性欲が満たされたときには快感が得られる。魚釣りや山菜取りをしたことのある人は、狩猟採集の独特の快感を味わっているだろう。そして、宗教や芸術に触れるときにも人間は快感を得る。人間はこれらの快感に導かれ、快感の命じるままに行動することが、結果として生存と繁栄につながった。かくいう僕も、そういう心理を受け継いでいるがゆえに、休みともなるとふらふらと、お寺や美術館に吸い寄せられていくのである。

人間は、頭を使って冷静に論理的にものごとを判断し、行動することができる。それと同時に、たとえ理屈がなくたって、こころが命じる直感で行動することもある。こころと頭は、しばしば僕らに別の命令を下すこともある。天使と悪魔が自分のなかでたたかっている、マンガのような状況。うまくバランスをとれたらいいな。それができれば苦労しないけど。

伊勢 武史（いせ・たけし）

▶1972年生まれ。
京都大学 フィールド科学教育研究センター 准教授。
ハーバード大学大学院 進化・個体生物学部修了（Ph. D.）。
独立行政法人 海洋研究開発機構（JAMSTEC）特任研究員、兵庫県立大学大学院 シミュレーション学研究科 准教授を経て、2014年より現職。
著書に『学んでみると生態学はおもしろい』『「地球システム」を科学する』『生物進化とはなにか？』（以上、ベレ出版）、『地球環境変動の生態学』『生態学は環境問題を解決できるか？』（ともに、共立出版、共著）などがある。

◉── DTP　清水 康広（WAVE）
◉── 校正　曽根 信寿
◉── 装丁・レイアウト　矢萩 多聞
◉── 装画　ミロコマチコ
◉── 取材協力　家島 輝、伊藤 奈穂

生態学者の目のツケドコロ
生きものと環境の関係を、一歩引いたところから考えてみた

2021年 1月25日　初版発行
2021年 5月19日　第2刷発行

著者	伊勢 武史
発行者	内田 真介
発行・発売	ベレ出版 〒162-0832　東京都新宿区岩戸町12 レベッカビル TEL.03-5225-4790 FAX.03-5225-4795 ホームページ　https://www.beret.co.jp/
印刷	株式会社文昇堂
製本	根本製本株式会社

ISBN 978-4-86064-642-4 C0045　　編集担当　永瀬 敏章